CDIO 教学模式教学成果
卓越工程师培养计划教学成果
计算机类本科规划教材

机器人辅助 C 程序设计

秦志强　刘建东　王淑鸿　编著

電子工業出版社
Publishing House of Electronics Industry
北京 • BEIJING

内 容 简 介

本书将教学机器人引入 C 程序设计课程，在整个课程学习过程中采用基于项目的学习方法，将 C 语言的各种表达式、语法、关键词、逻辑结构和数据类型等教学内容融入到一系列循序渐进的教学机器人制作和竞赛项目中，直接在项目应用和竞赛过程中学习 C 语言，实现了“做中学、学中赛、赛中会”的“做学赛”一体化学习，提升了 C 语言的学习效率和效果，最后通过归纳总结，获得整个 C 语言程序设计的系统知识和技能。本书的编写彻底突破了传统教学方法的局限，解决了 C 程序设计课程抽象、枯燥、难学和学习效果差的老大难问题。

本书可作为“C 程序设计”课程的第一本学习教材或者教学参考书，也可以作为工程训练、编程类课程的实践教材和相应专业课程的实验配套教材，同时可以供广大希望从事嵌入式系统开发和 C 语言程序设计的个人自学使用。

图书在版编目(CIP)数据

机器人辅助 C 程序设计 / 秦志强，刘建东，王淑鸿编著. —北京：电子工业出版社，2013.8
ISBN 978-7-121-20510-1

Ⅰ. ①机… Ⅱ. ① 秦… ② 刘… ③ 王… Ⅲ. ① C 语言－程序设计－高等学校－教材 Ⅳ. ①TP312

中国版本图书馆 CIP 数据核字（2013）第 109752 号

策划编辑：章海涛
责任编辑：章海涛　　特约编辑：何　雄
印　　刷：北京虎彩文化传播有限公司
装　　订：北京虎彩文化传播有限公司
出版发行：电子工业出版社
　　　　　北京市海淀区万寿路 173 信箱　邮编 100036
开　　本：787×1 092　1/16　印张：13.75　字数：320 千字
印　　次：2013 年 8 月第 1 版
印　　次：2019 年 5 月第 8 次印刷
定　　价：34.00 元

凡所购买电子工业出版社图书有缺损问题，请向购买书店调换。若书店售缺，请与本社发行部联系，联系及邮购电话：（010）88254888。

质量投诉请发邮件至 zlts@phei.com.cn，盗版侵权举报请发邮件至 dbqq@phei.com.cn。

服务热线：（010）88258888。

前　言

C 程序设计课程是当前大多数工程专业的第一门专业基础课程，几乎所有的工科学生都要学习 C 程序设计，以便为后续的专业课程学习打下基础。这门课程学不好，后续专业课程的学习也会大打折扣，影响整个专业课程的学习。目前的现状是，每年几千万的学生在学习 C 程序设计，但是仍然满足不了社会对合格软件工程师的迫切需求。

传统的 C 程序设计教材和 C 语言教学方法，基本上都是围绕科学计算和算法设计展开，教学的目标是建立知识体系。这种教学方法的教学效果越来越不能满足当今工程教育的需要，尤其是对于未来希望从事嵌入式系统设计或者自动化系统设计的学生和个人而言。

学习 C 语言是为了用 C 语言编写程序去解决问题，这种程序编写能力只有从程序设计实践中才能迅速获得，理论的讲解过多，不仅对学习 C 程序设计无益，甚至还会让学生滋生厌烦情绪。当然，只单纯地编写程序也无法获得真正的能力，关键是如何从不断的程序设计实践中，归纳出共性程序设计知识和关键技能，建立起分析问题和解决问题的知识和技能模型，然后再将这些知识和技能重新应用到新的程序设计实践中去，才能达到学习的最终目的。这也是当今的大学生要在未来的实际工作（无论是在企业研发还是在高校做研究）中所必须采取的学习和工作方法。因此，如何从一进入大学开始，就学习和掌握这种自我学习和提高的方法，是高等工程教育改革的根本目标。

本书的编写始终围绕典型的机器人制作项目展开，按照“任务实践－技能归纳－学习总结－项目再实践”的学习模式设计一系列循序渐进的学习实践项目，突破了传统的“课堂理论＋上机实验”的传统学习模式，同时引进各种教学竞赛项目代替传统的考试，激发学习兴趣，实现“做中学、学中赛、赛中会”，最终帮助学习者建立起应用 C 语言进行程序设计的知识和技能体系，并获得实际的程序设计技能。

通过本书的学习实践掌握了单片机 C 语言的编程技能后，后续的单片机课程学习就变得相对简单快捷。与本书配套的单片机后续书籍将重点介绍如何利用单片机设计编写出更高效的程序，扩展更多的外设，并学习如何设计出自己的硬件系统。

本书的内容从 2011 年起在北京石油化工学院信息学院一年级学生中试点教学，3 年的教学实践证明，利用单片机机器人辅助 C 程序设计课程教学，深受学生欢迎，而且能够提高学生应对未来专业实践课程的兴趣和信心。

本书可作为 C 程序设计的入门学习用书，尤其适合希望学习嵌入式系统设计的工程师和爱好者使用。学习的过程必须配套相应的硬件器材方能达到最佳的学习效果。这些器材的清单在本书的附录里有详细的说明。

编　者

2013 年 7 月

目　　录

第一部分　基本技能学习和实践

第二部分　综合实践案例

第一部分

基本技能学习和实践

第 1 讲　一种新的 C 语言学习方式

学习背景

C 语言已经成为国内外广泛使用的一种计算机语言，几乎成为了工程学科的圣经，每个工程专业都将 C 语言作为必修的计算机课程。确实，C 语言功能强大、使用灵活方便、应用面广、目标程序执行效率高、移植性好，既有高级语言的优点，又有低级语言的功能，特别适合编写系统软件。然而，尽管以往的同学们都十分重视 C 语言的学习，并倾注了大量的学习时间，但学习效果却不尽人意。究其原因，可归结为以下几点：

① C 语言作为第一门计算机语言课程，牵涉的概念广，规则多，过于灵活，对初学编程的人而言确实很困难。

② 教学方式不符合工程类课程的教学规律。C 语言是一门工程应用工具课程，最佳的学习方式是边做边学，放到项目中学。而以往的教学方式是课堂讲授为主，上机实验为辅，是一种典型的应试型教学方式，学习是为了去考取等级证书。以往的许多同学即使考取了各种等级证书，但是一到工作中面对具体问题，就无从下手，更谈不上灵活运用了。

③ 编程实践和项目训练课时不够，现有实践项目各自独立，没有系统性。即使实践编写了几十个小型项目，由于缺乏各种知识点的融会贯通项目，并不能真正掌握 C 语言的应用开发能力。一个学生只有能够自主编写上千行程序的系统软件，才算是真正基本掌握了 C 语言程序设计能力。

④ 大多数的课程和教材仍旧以各种数学算法编程为主，枯燥无味，没有挑战性和竞技性，提不起大家的学习兴趣，学习效果自然大打折扣。

针对以上问题，本教材将单片机控制的机器人引入 C 语言学习课程，让同学们在给机器人的编程过程中学习 C 语言，边做边学，最后完成几个具有复杂功能的智能机器人，在课堂竞赛、校内竞赛和全国比赛项目使用这些智能机器人进行竞技和比赛，让 C 语言的学习变成一个快乐的体验和挑战过程，提升学习效率，达到事半功倍的效果。使用单片机作为机器人的控制平台和 C 语言学习平台有以下优点：

① 单片机资源相对计算机（PC）较少，适合编写系统软件，能够迅速深入到 C 语言的各种核心概念和规则。

② 现有单片机价格低廉，编程方便，能够与教学机器人和智能传感器迅速结合，有非常大的扩展性。能够迅速开发出各种有趣的程序。

③ 可以为后续学习单片机等嵌入式系统课程打下基础，实现无缝结合，迅速提升系统开发能力。

④ 机器人项目趣味性好，实战性强，能够吸引同学们的注意力，辅以竞技项目的刺激和挑战，可以大大提高学习的趣味性，学习效果自然倍增。

单片机和微控制器

一台能够工作的计算机包括CPU（Central Processing Unit，中央处理单元：进行运算、控制）、RAM（Random Access Memory，随机存储器：数据存储）、ROM（Read Only Memory，只读存储器：程序存储）、输入/输出设备（串行口、并行口等）。在个人计算机上，这些部分被分成若干块芯片或者插卡，安装在一个称为主板的印制线路板上。而在单片机中，这些部分全部被做在一块集成电路芯片中，因此被称为单片机。单片机真正需要工作时，还需要稳定的电源、晶振、外部存储器和编程调试接口，就像计算机，需要工作时，也需要电源、晶振、硬盘或其他大容量外部存储器和操作系统。微控制器就是将单片机独立工作所需的电源适配器、晶振、外部存储器和串口转换电路等部门封装到一个模块上，这样，微控制器就能够直接与计算机连接进行编程开发，无需任何其他的芯片和电路。

采用单片机微控制器作为C语言学习实践的目标硬件，能够迅速深入学习C语言的各种灵活功能，了解如何编写程序让单片机与外围设备和电路进行交互，掌握C语言程序设计的开发思路。现在可以使用的单片机种类和型号琳琅满目，如何选择一款性价比最优的单片机作为我们初次学习C语言的平台需要仔细考虑。本书为了迎合现阶段大学教学的现状需要，采用C51系列单片机作为机器人控制和学习平台。

MCS51是由美国INTEL公司生产的一系列单片机的总称。该系列单片机包括很多品种，如8031、8051、8751等。其中8051是最典型的产品，其他单片机都是在8051的基础上进行功能的增减和改变而来的，所以人们习惯用8051来称呼MCS51系列单片机。

Intel公司将MCS51的核心技术授权给了很多公司，许多公司都在做以8051为核心的单片机，功能或多或少有些改变，以满足不同的需求。其中较典型的一款单片机AT89C51（简称C51）是由美国ATMEL公司以8051为内核开发生产的。本书使用的AT89S52单片机就是在此基础上改进而来的。

AT89S52是一种高性能、低功耗的8位单片机，内含8KB ISP（In-system Programmable，系统在线编程）可反复擦写1000次的Flash只读程序存储器，器件采用ATMEL公司的高密度、非易失性存储技术制造，兼容标准MCS51指令系统及其引脚结构。在实际工程应用中，功能强大的AT89S52已成为许多高性价比嵌入式控制应用系统的解决方案。

早期的单片机应用程序开发通常需要仿真机、编程器等配套工具，要配置这些工具需要一笔不小的投资。本书采用的AT89S52不需要仿真机和编程器，只需运用ISP电缆就可以对单片机的Flash反复擦写1000次以上，因此使用起来方便、简单，尤其适合初学者使用，配置十分灵活，可扩展性特别强。

In-system Programmable（ISP，系统在线编程）

In-system Programmable是指用户可把已编译好的程序代码通过一条“下载线”直接写入器件的编程（烧录）方法，已经编程的器件也可以用ISP方式擦除或再编程。ISP所用的“下载线”并非不需要成本，但相对于传统的“编程器”成本已经大大降低了。通常，Flash型芯片都具备ISP下载能力。

本书将引导读者如何使用 C 语言给 AT89S52 编程，使之成为机器人的大脑，控制机器人实现下述各种基本智能任务和综合竞赛任务：

① 人机对话，交换信息。

② 完成精确的运动轨迹。

③ 安装传感器，以探测周边环境。

④ 基于传感器信息做出决策。

⑤ 循线完成机器人游中国、智能搬运、擂台和灭火等任务。

通过这些任务的完成，同学们就可以在快乐的学习和挑战过程中，逐步掌握 C 语言程序设计技术和实践能力，轻松走上软件系统开发之路。

本书使用的 C51 单片机微控制器带有一个面包板，方便给机器人搭接各种传感器电路。同学们在动脑编程的过程中，还可以动手搭建电路，以做到手脑结合，相互促进。该电路板叫做 51+AVR 教学板，如图 1-1 所示。该教学板不仅可以用 51 单片机进行 C 语言编程学习，还可以用 AVR 单片机进行编程学习。（基于 AVR 单片机进行 C 语言编程学习，另有专门的学习教材。）本书使用的单片机微控制器只配备了 AT89S52 单片机。

图 1-1　C51 单片机教学板

正式开始本书的学习和实践前，读者需要获得 51+AVR 教学板套件，套件中包含了学习所需的几乎所有配件（后面会详细介绍）和配套软件光盘。该套件的唯一授权生产厂家为深圳市中科鸥鹏智能科技有限公司，可以从 www.szopen.cn 或者 www.openirobot.com 网站上与公司联系订购。

机器人与 C 语言学习平台

图 1-2 所示是本书使用的小型机器人平台，51+AVR 教学板安装在机器人底盘上。本书以此机器人作为平台，辅以各种简单的传感器，编程实现机器人的各种基本智能，完成相应的智能任务。

图 1-2　采用 51+AVR 教学板的机器人

下面通过以下步骤来安装和使用 C51 单片机的 C 语言编程开发环境，讲述用 C 语言开发第一个简单机器人程序，并在机器人上如何运行编写的这个程序。具体任务包括：

① 寻找并安装开发编程软件。

② 连接机器人到电池或者供电的电源。

③ 连接教学板 ISP 接口到计算机，以便编程。

④ 连接教学板串行接口到计算机，以便调试和交互。

⑤ 运用 C 语言编写第一个单片机程序，运用编译器编译生成可执行文件，下载到单片机，通过串口观察机器人单片机教学板的执行结果。

⑥ 完成后断开电源。

任务 1　获得软件

本书的学习实践过程将反复用到 3 款软件：Keil uVision IDE 集成开发环境、AVR_fighter 下载编程软件和串口调试软件。

1．Keil uVision IDE 集成开发环境

该软件是德国 KEIL 公司出品的 51 系列单片机 C 语言集成开发环境。（可以在 KEIL 公司的网站 www.keil.com 上获得该软件的安装包（本书使用 2.38a 版））。利用该开发环境，可以快捷、方便地建立面向各种单片机的 C 语言编程项目，编写 C 语言源程序，并将 C 程序编译和生成可下载到目标单片机的执行程序。

2．AVR_fighter 单片机 ISP 下载编程软件

该软件是一款免费下载的 ISP 下载编程软件，不需要专门的安装即可使用，非常方便。使用该软件，读者可以将 C 语言程序生成的可执行文件下载到机器人单片机上。使用时需要 1 个 USBASP 下载器和 1 个计算机的 USB 接口。

3．串口调试软件

SerialDebugTool.exe 是本书使用的串口调试软件。该软件提供单片机与计算机的交互信

息窗口，包括显示单片机发给计算机的信息窗口和计算机发给单片机的数据输入窗口。在硬件上，计算机至少要有串行接口或 USB 接口来与单片机教学板的串口连接。

任务 2　安装软件

现在，如果读者已从网站上获得了上述三个软件安装包或者拿到了配套的软件光盘，就可以开始安装软件了。软件的安装很简单，与安装其他软件过程一样。

安装 Keil uVision2

（1）执行 Keil uVision2 安装程序，选择安装 Eval Version 版进行安装。

（2）在后续出现的窗口中全部选择 Next 按钮，将程序默认安装在 C:\Program Files\Keil 文件目录下。

（3）将配套光盘“头文件”文件夹中的文件复制到 C:\Program Files\Keil\C51\INC 文件夹中。

Keil uVision IDE 软件安装到计算机上的同时，会在计算机桌面建立一个快捷方式。

AVR_fighter 下载编程软件与 SerialDebugTool.exe 串口调试软件都不需要安装，只需要将教学板配套光盘中的这些软件复制到你的 PC 上即可。

为了方便实用，建议建立桌面子目录将这三个工具软件全部放到里面。

任务 3　硬件连接

C51 教学板需要连接电源来运行，同时需要连接到计算机，以便编程和交互。

串口的连接

教学板通过串口电缆连接到计算机（或笔记本电脑），以便与用户交互。如果计算机有串行接口，直接使用串口连接电缆。如果没有，此时需要使用 USB 转串口适配器，如图 1-3 所示。需要将该串口线一端的串口连接到机器人教学板上，另一端连接到计算机的 USB 接口上，并安装对应的 USB 驱动程序。因为 51+AVR 教学板上有两个串口（一个用来与 51 单片机交互，另一个用来与 AVR 单片机交互），注意选择与 51 单片机最近的那个串口。

USBASP 下载器的连接

机器人程序通过连接到计算机的 USBASP 下载器来下载到教学板上的单片机内。图 1-4 为本书使用的 USBASP 下载器。下载器一端通过一根 USB 线连接到计算机的 USB 接口上，另一端（小端）连接到教学板的程序下载口上。

图 1-3　USB 转串口适配器

图 1-4　USBASP 下载器

电源的连接

为了方便和节约电池，在一般的编程和调试时，建议使用一个 6V/2A 的电源适配器给单片机教学板供电。当需要机器人进行自主运动或者进行比赛时，使用 3.7V 锂电池给机器人供电。将锂电池装入专门的电池盒时，注意按照里面标记的电池极性（“+”和“－”）方向装入。如果没有选配锂电池套件，也可以直接用 4 节 5 号干电池给机器人供电。

给教学板和单片机进行通电检查

教学底板上有一个三位开关（如图 1-5 所示），开关拨到“0”位时断开教学板电源。无论是否将电池组或者其他电源连接到教学底板上，只要三位开关位于“0”位，那么设备就处于关闭状态。

现在将三位开关由“0”位拨至“1”位，打开教学板电源，如图 1-6 所示。检查教学底板上绿色 LED 电源指示灯是否变亮。如果没有，检查电源适配器或者电池盒里的电池和电池盒的接头是否已经插到教学板的电源插座上。

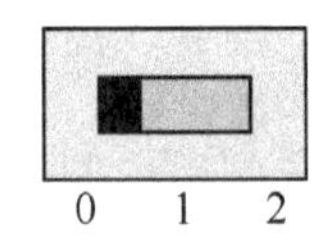

图 1-5　处于关闭状态的三位开关

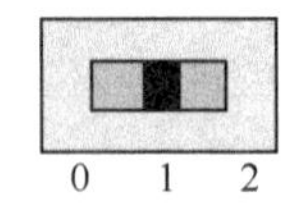

图 1-6　处于 1 位状态的三位开关

开关“2”将会在后续学习中用到。将开关拨至“2”后，电源不仅给教学板供电，同时会给机器人的执行机构——伺服电动机供电，同样，此时绿色 LED 电源指示灯仍然会变亮。

任务 4　第一个程序

第一个 C 语言程序将告诉 AT89S52 单片机控制器，让它在执行程序时通过串口发送一条信息给计算机，在计算机的串口调试窗口中显示出来。

创建与编辑你的第一个程序

双击 Keil uVision IDE 的图标，启动 Keil uVision IDE 程序，会得到如图 1-7 所示的 Keil uVision2 IDE 的主界面。通过 Project 菜单中的 New Project 命令建立项目文件，过程如下。

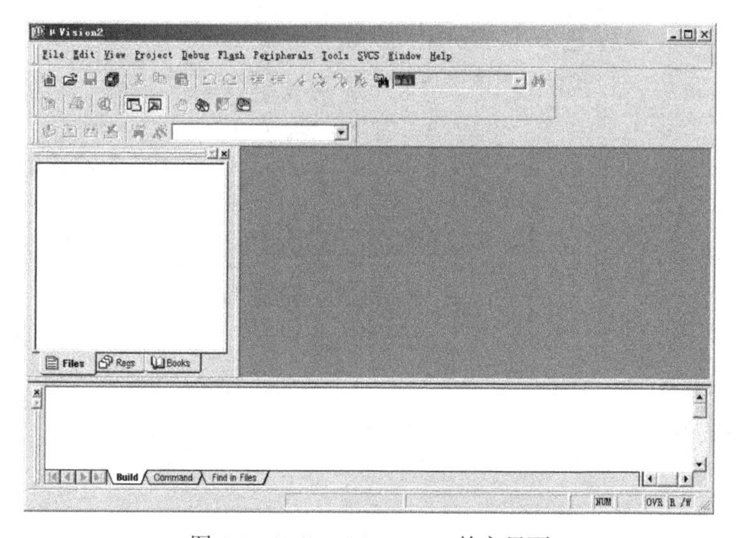

图 1-7　Keil uVision2 IDE 的主界面

（1）单击 Project 菜单，会出现如图 1-8 所示的菜单画面，选择“New Project”，将出现如图 1-9 所示的对话框。

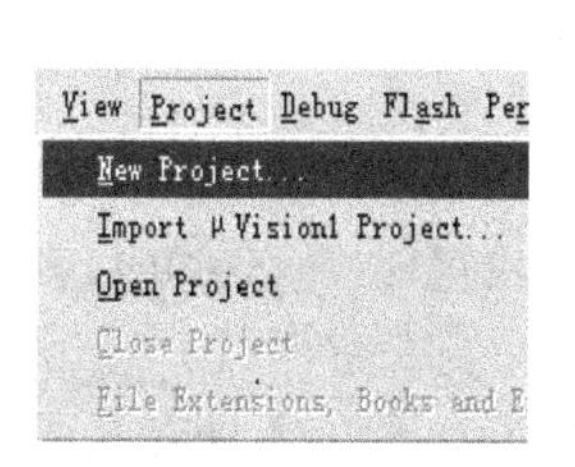

图 1-8　Project 菜单

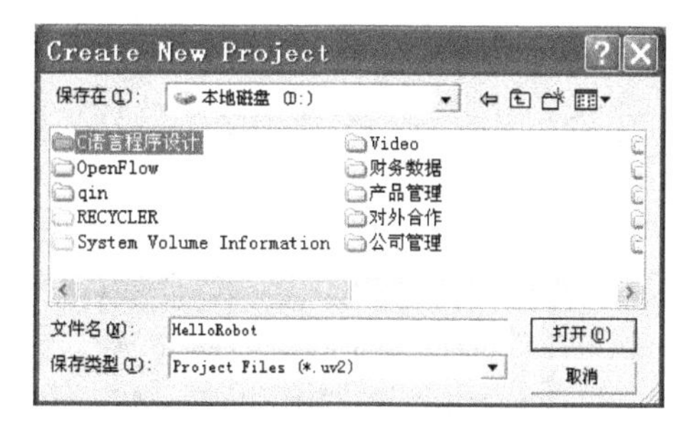

图 1-9　Create New Project 对话框

（2）在文件名中输入“HelloRobot”，保存在你想保存的位置（如 D:\C 语言程序设计\程序），可不用加后缀名。单击“保存”按钮，会出现如图 1-10 所示的窗口。

（3）这里要求选择项目芯片的类型。Keil uVision2 IDE 几乎支持所有的 51 核心单片机，并以列表的形式给出。本书使用的是 ATMEL 公司的 AT89S52，在 Keil uVision2 IDE 提供的数据库（Data base）列表中找到此款芯片，然后单击“确定”按钮，会出现如图 1-11 所示的窗口，询问是否加载 8051 启动代码，在这里我们选择“否”，不加载。（如果选择“是”，对你的程序没有任何影响。若你感兴趣，可选择“是”，看看编译器加载了哪些代码。）之后在界面左侧会出现如图 1-12 所示窗口 Project Workspace（项目工作空间），此时就得到了目标项目文件 Target 1。

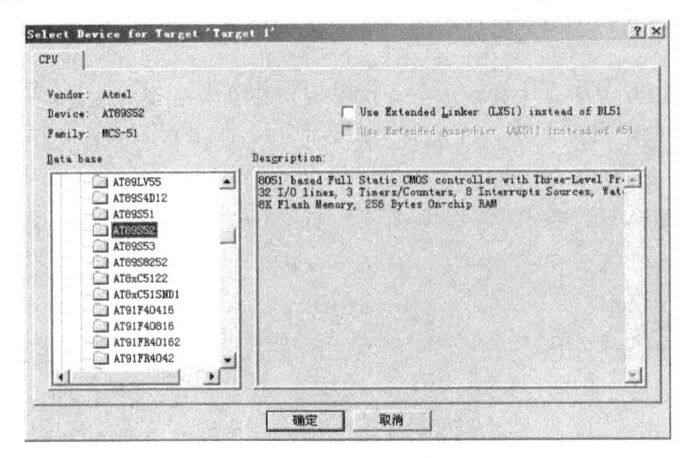

图 1-10　单片机型号选择窗口

图 1-11　是否加载 8051 启动代码提示窗口

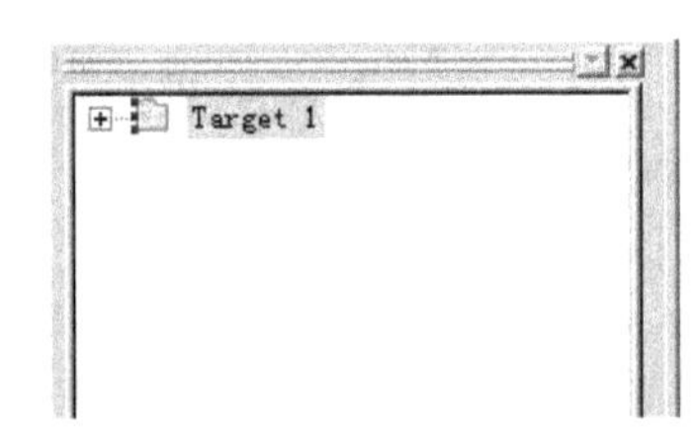

图 1-12　目标工程窗口

Target 1 项目文件创建后，还只有一个框架，紧接着需要向项目文件中编辑添加源程序。Keil uVision2 支持编写 C 语言程序。可以是已经建立好的 C 程序文件，也可以是新建的 C 程序文件。如果是添加建立好的 C 程序文件，则直接用后面的方法添加道项目中；如果是新建立编辑的 C 程序文件，则先将程序文件存盘后再添加。

单击按钮（或通过“File→New”操作），为该项目新建一个 C 语言程序文件，保存后弹出如图 1-13 所示的对话框，将文件保存在项目文件夹中（保存的源文件名称可以和项目名称一样，这样便于分别哪个源文件属于哪个项目。只是他们的扩展文件名不同），在文件类型中填写.c（这里.c 为文件扩展名，表示此文件类型为 C 语言源文件），因为下面将采用 C 语言编写第一个程序。

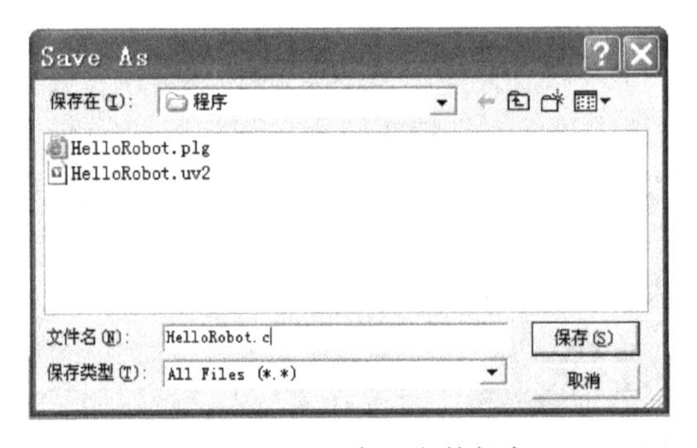

图 1-13　C 语言源文件保存

第一个 C 程序：HelloRobot.c

```
#include<uart.h>
int main(void)
{
  uart_Init();                                    //串口初始化
  printf("Hello,this is a message from your Robot\n");
  while(1);
}
```

将该例程输入 Keil uVision IDE 的编辑器，并以文件名 HelloRobot.c 保存。按照下面的步骤将该文件添加到目标工程项目中。

（1）单击图 1-12 中的“＋”，将出现如图 1-14 所示的列表。

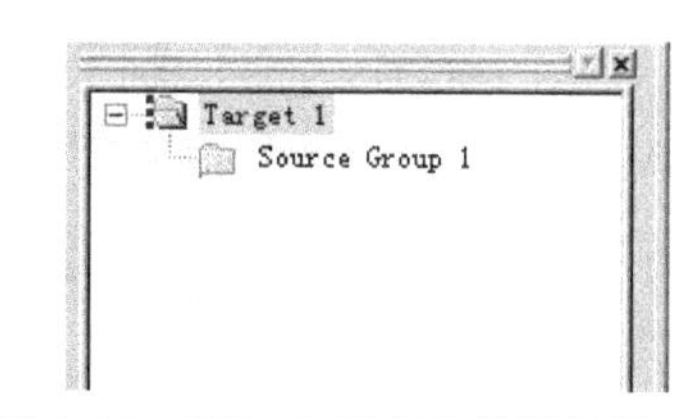

图 1-14　添加 C 语言文件到目标工程

（2）右键单击“Source Group 1”，在出现的快捷菜单中选择“Add File To Group”→“Source Group 1”，出现 Add Files to Group Source “Group1”对话框。从中选择需要添加的程序文件，如刚才建立的 HelloRobot.c，单击“Add”按钮，把所选文件添加到项目文件中。

（3）程序文件添加到项目文件后，这时图 1-14 中“Source Group 1”的前面将出现一个“＋”号；单击它，将出现刚才添加的源文件名，如图 1-15 所示（注意，图中显示的文件名是刚才输入的文件名）。

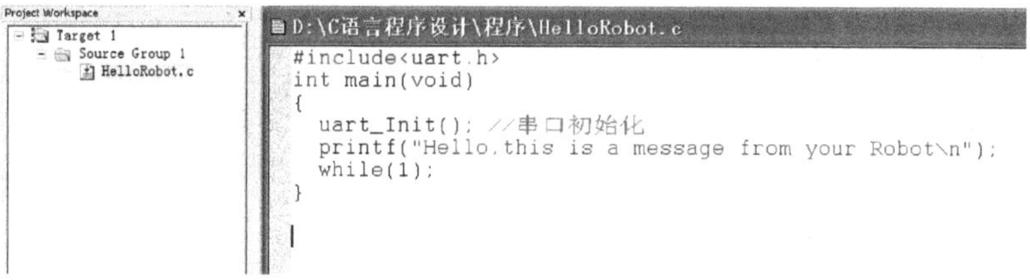

图 1-15　添加了 C 语言文件的目标工程窗口和 C 程序源文件窗口

双击源文件，即可显示和编译源文件。

编译你的第一个程序

下面来生成下载需要的可执行文件。要生成可执行的.hex 文件，需要对目标工程“Target 1”进行编译设置。右键单击“Target 1”，选择快捷菜单中的“Option for target ‘Target 1’”。单击“output”，选择其中的“Create HEX Fi:”，如图 1-16 所示，单击“确定”按钮，关闭设置窗口。单击 Keil uVision IDE 快捷工具栏中的按钮，Keil 的 C 编译器开始根据要生成的目标文件类型对目标工程项目中的 C 语言源文件进行编译。在编译过程中，我们可以观察到源文件有没有错误产生，如果没有错误产生，在 IDE 主窗口的下面的输出窗口（Output Window）出现如图 1-17 所示的提示信息，表明已成功生成了可下载的执行文件，并存储在 C 语言源程序存储的目录中，文件名就是 HelloRobot.hex。

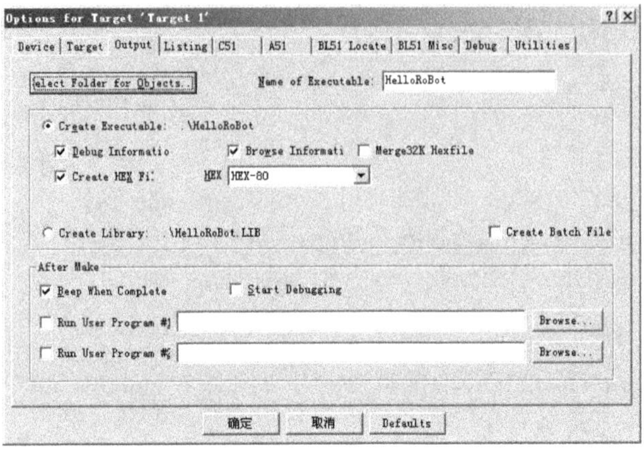
Options for Target 'Target 1'
Device | Target | Output | Listing | C51 | A51 | BL51 Locate | BL51 Misc | Debug | Utilities
Select Folder for Objects...
Name of Executable: HelloRoBot
Create Executable: .\HelloRoBot
Debug Informatio
Browse Informati
Merge32K Hexfile
Create HEX Fi:
HEX HEX-80
Create Library: .\HelloRoBot.LIB
Create Batch File
After Make
Beep When Complete
Start Debugging
Run User Program #1
Run User Program #2
Browse...
Browse...
确定
取消
Defaults

图 1-16 设置目标工程的编译输出文件类型

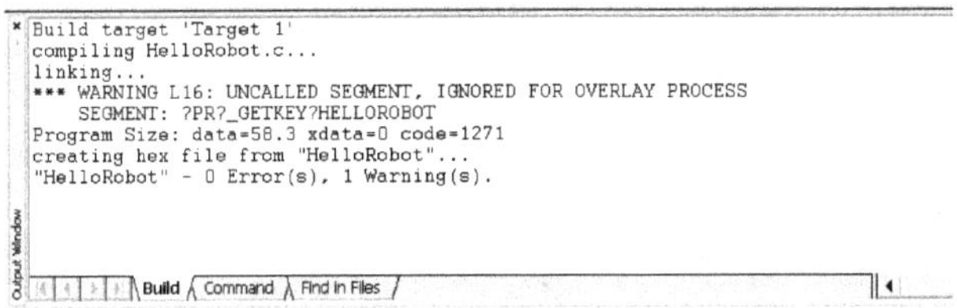
Build target 'Target 1'
compiling HelloRobot.c...
linking...
*** WARNING L16: UNCALLED SEGMENT, IGNORED FOR OVERLAY PROCESS
SEGMENT: ?PR?_GETKEY?HELLOROBOT
Program Size: data=58.3 xdata=0 code=1271
creating hex file from "HelloRobot"...
"HelloRobot" - 0 Error(s), 1 Warning(s).
Output Window
Build
Command
Find in Files

图 1-17 编译过程的输出提示信息

程序调试

如果程序在编译过程中出现了错误，就不能生成可下载的十六进制执行文件。C 语言的编写必须严格按照规定的规范，否则在编译过程中就会出现语法错误。比如，如果在录入程序时忘了在串口初始化语句的后面加分号：

```
        uart_Init()                                        //串口初始化
```

编译时就会出现如图 1-18 所示的语法错误。

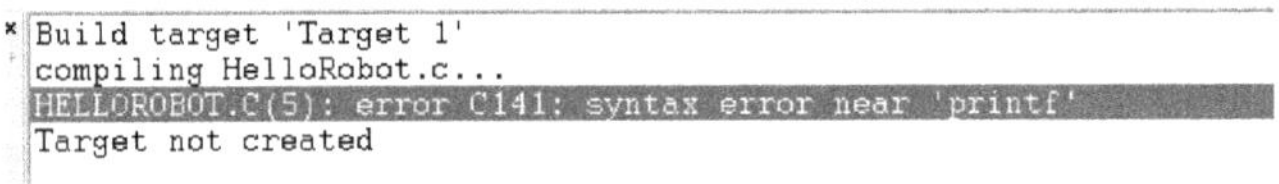
Build target 'Target 1'
compiling HelloRobot.c...
HELLOROBOT.C(5): error C141: syntax error near 'printf'
Target not created

图 1-18 编译错误提示信息

其中的错误信息提行首先给出发生错误的文件名称，随后括号中的数字表示错误发生的行数，这里是指第 5 行。提示信息 error C141:syntax error near ‘printf’给出错误的编号 C141，这是一种语法错误，并告知错误发生在’printf’附近。双击错误信息，编辑窗口中的光标回直接定位到错误位置。

C 语言函数对函数名称的大小写是敏感的，也就是同一个名字不同的大小写表示的是两个函数，标准的函数大小写写错也会提示语法错误。比如，如果将 printf 写成了 Printf，那么编译时会出现如下警告和错误信息：

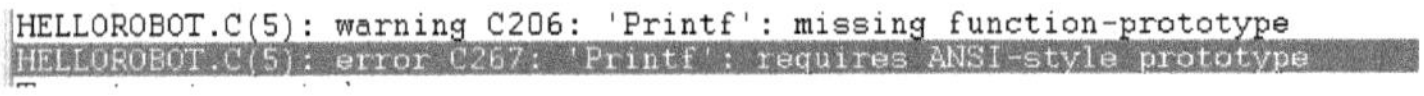
HELLOROBOT.C(5): warning C206: 'Printf': missing function-prototype
HELLOROBOT.C(5): error C267: 'Printf': requires ANSI-style prototype

首先是警告程序中的 Printf 没有函数原型，随后就是错误信息，这个函数需要 ANSI 型函数原型。

如果字符串少加了一个双引号，比如在要显示的字符串中缺少了双引号：

```
printf(Hello,this is a message from your Robot\n");
```

系统居然给出了 5 个错误信息：

```
HELLOROBOT.C(5): error C202: 'Hello': undefined identifier
HELLOROBOT.C(5): error C141: syntax error near 'is'
HELLOROBOT.C(5): error C103: '<string>': unclosed string
HelloRobot.c(5): error C305: unterminated string/char const
```

由此可见，一个小小的语法错误可以导致编译时出现很多错误信息。因此，在编写和录入程序时一定要特别的认真仔细，不仅不能错标点符号，也不能错大小写，更不能错名字。

总之，语法错误相对来说比较容易调试和修改，只要简单检查，就可以很快排除。特别是根据错误信息提示进行排除，就会更快。

程序没有任何编译和连接错误，就能够顺利生成可以下载到单片机的十六进制文件。

下载可执行文件到单片机

单击 AVR_fighter 下载编程软件图标，打开下载软件窗口，如图 1-19 所示。通常不需要更改任何选项，只需要在第一个列表框中选择正确的单片机型号。然后单击左上角的“装 FLASH”按钮，选择要下载的可执行 hex 文件——HelloRobot.hex，再单击“编程”按钮，即可开始下载。如果下载成功，则在窗口左下角窗口中会显示“芯片编程”过程，最后显示“*芯片编程结束*”。程序在下载前会先自动擦除芯片中的原有程序。

图 1-19　AVR_fighter 软件下载窗口

举一反三

如果读者学习过《基础机器人制作与编程》这本书，并已经掌握了采用 BASIC Stamp 系列单片机模块的 PBASIC 语言开发技能，请与刚才介绍的 C 语言编程过程进行比较，看有何不同。并思考，这些不同对于初学者而言各有何优缺点。是不是复杂很多？

用串口调试软件查看单片机输出信息

打开串口调试软件 SerialDebugTool.exe，出现串口调试窗口，参考图 1-20 所示，在左边的“通信设置”栏的串口号列表框中选择串口“COMXX”后，单击下面的“连接”按钮（注意，选择哪个串口要根据所使用的串口通信线来定。如果使用的是计算机的硬串口，即计算机上的串口就可以选择串口 COM1；如果使用的是 USB 转 RC-232 串口线，则要在等待串口线准备好后，查询计算机的设备管理器，确定是哪一个串口，再在串口调试终端选择该串口，随后点击连接）。如果成功连接，“连接”按钮变成“断开”按钮。

在“接收区”内你看到了什么？什么也没有！为什么呢？

注意：单片机的特点就是只要里面有程序，一开机就开始执行。因此当执行文件成功下载到单片机的那个时刻开始，程序就开始运行了。当你开着电给单片机连接上串口电缆时，单片机已经向计算机发送了信息。你错过了接收。怎么办呢？

机器人教学板提供了“Reset”按钮，可以让下载到单片机内的程序重新运行一次。单击“Reset”按钮两次，是不是出现如图 1-20 所示的画面呢？

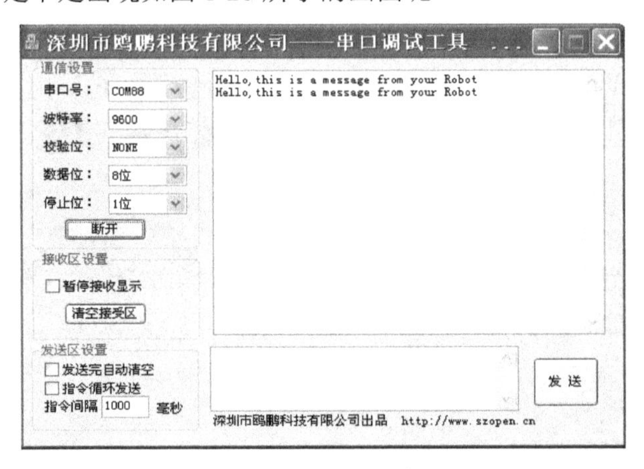

图 1-20　串口调试窗口

HelloRobot.c 是如何工作的

要讲清 C 语言的第一个程序是如何工作的，要比 BASIC 语言复杂很多。因为 C 语言是一个非常庞大的系统，是为开发大型程序而准备的。即使是最小的一个程序，其框架结构也很复杂。

例程中第一行代码是 HelloRobot.c 所包含的头文件。该头文件在编译过程中用来将下面程序中需要用到的标准数据类型和由 C 语言编译器提供的一些标准输入/输出函数、中断服务函数等包括进来，生成可执行代码。头文件中可以嵌套头文件，同时也可以直接定义一些常

用的功能函数。本例程中的头文件 uart.h 在本书的后续任务中都要用到，它包含了本例程中及后面的例程中都要用到的 uart_Init()函数的定义和实现代码。当然，它也将 C 语言的标准输入/输出函数定义和实现包含了进来，如本例程中的 printf 函数。

下面先介绍函数的概念。一个较大的 C 语言程序一般分成若干个模块，每个模块实现一定的功能，被称为函数。任何一个 C 语言程序本身就是一个大的函数，该函数以 main 函数作为程序的起点，通常称之为主函数。主函数可以调用任何子函数，子函数之间也可以相互调用（但是不可以调用主函数）。函数定义的一般格式为：

函数返回值的类型　函数名（形式参数 1，形式参数 2，……）

第二行就是程序的入口 main 函数。main 前面的 int 是指定 main 的函数返回值类型为整数类型，括号中 void 或无内容表示没有形式参数。每个函数的主体都要用“{ }”括起来（反思一下同 PBASIC 语言编程的区别）。

函数的具体应用将在第 3 讲中详细介绍。

main 函数主体中有两行语句：第一行是串口初始化函数 uart_Init( )，用来规定单片机串口是如何与计算机通信的。有兴趣的读者可以打开 uart.h 头文件，看看该函数是如何实现的。如果其中有很多内容不懂，不要紧，记住这个函数的功能就行，以后再逐步学习和理解。这行语句中“//”后的是注释。注释是一行会被编译器忽视的文字，不被编译，仅仅为了让自己或者别人阅读程序时理解起来比较方便。函数体中的第二行语句 printf 命令是要单片机通过串口向计算机发送一条信息。

printf 函数

printf 函数称为格式输出函数，其功能是按用户指定的格式，把指定的数据输出显示。该函数是 C 语言提供的标准输出函数，定义在 C 语言的标准函数库中，要使用它，必须包括定义标准函数库的头文件 stdio.h。由于在 uart.h 头文件中包括了 stdio.h，因此本例程无须另外包括该头文件。printf 函数的一般形式为：

printf("格式控制字符串", 输出列表);

格式控制字符串可由格式字符串和非格式字符串组成。

格式字符串是以%开头的字符串；输出列表在格式输出时才用到，它给出了每个输出项，要求与格式字符串在数量和类型上一一对应。

非格式字符串在输出时原样输出，在显示中起提示作用。例程中用到的就是非格式字符串。

“\n”是一个向调试终端发送回车命令的控制符。也就是说，当单击“Reset”按钮再次运行程序时，将在下一行显示“Hello,this is a message from your Robot”；如果没有“\n”，则会在上一语句中的结尾，即“Robot”后面接着显示。

“while(1);”的作用

while 是 C 语言里的循环控制语句，它的具体语法将在第 3 讲里介绍，这里解释为何要加上这个循环。

while(1)实际上是一个死循环。hex 文件加载到单片机 Flash 存储器上时，是从头开始往下加载的。当你把 hex 文件加载上去时，填满了整个 Flash 空间吗？当然没有！那么，当程序执行完 printf 函数之后，它还将向下执行，但后面的空间并没有存放程序代码，这时程序会乱运行，也就是发生了跑飞现象。加上 while(1);这个死循环语句，让程序一直停止在这里，就是为了防止程序跑飞。

该你了

在你的第一个程序中按照 printf 语句的样子，在其后面多加一些显示的内容或者语句，重新编译、连接、生成执行代码，下载到单片机，再通过串口调试软件观察显示结果。至少重复以上步骤 5 次，熟练掌握程序的修改、保存、编译、连接、生成执行代码、下载执行和观察显示结果等一系列过程。

注意，每次修改程序后都要立刻保存，这样当程序出现意外时不至于要重新输入。切记！

任务 5　做完实验关断电源

做完实验后把电源从教学板上断开很重要，原因有几点：首先，系统不使用时不消耗电能，电池可以用得更久；其次，在以后的实验中，将在教学板的面包板上搭建电路，搭建电路时应使面包板断电。如果是在教室，老师可能会有额外的要求，如断开串口电缆，把教学底板存放到安全的地方，等等。总之，做完实验后最重要的一步是断开电源。

断开电源比较容易，只要三位开关拨到左边的 0 位即可。

工程素质和技能归纳

本讲涉及的主要技能

① C51 系列单片机 Keil uVision IDE（集成开发环境）软件的安装和使用。
② 机器人用 C51 教学板与计算机的连接。
③ 如何在集成开发环境中创建目标工程文件，并添加和编辑 C 语言源程序。
④ C 语言程序的编译和可执行文件的生成。
⑤ AVR_fighter 下载软件的使用和程序下载。
⑥ 程序的执行和串口调试终端的使用。
⑦ C 语言程序的基本架构和 printf 格式输出函数的使用。

常见错误

第一次编写 C 语言程序，在编译程序时会遇到各种各样的问题，一些常见的问题如下：

① 函数名称的大小写问题。C 语言程序区分各种函数名称的大小写，同一个名字如果大小写不一样，C 语言都将其视为不同的函数。

② 由于可以在编辑窗口中用中文给程序作注释，中文与英文所占的字符数不一样，一个汉字要占两个英文字符的空间。与中文配套的标点符号（全角）与英文的标点符号（半角）在计算机里面也是不一样的。如果不小心在程序里面输入了全角的逗号或者分号等，会引起一系列的编译问题。

③ 修改的源文件不是加到了项目工程中的源文件，此时的任何修改都不会反映到项目执行结果中。有时加到项目工程中的源文件完全是一个空的文件。此时要将空的文件从项目工程中删掉，重新加入已编写好的源文件，或者直接在空文件中重新输入程序，并保存。确认编写的是加入到项目工程中的文件的方法是关闭所有 C 程序编辑窗口，在目标工程项目窗口中单击相应的 C 语言源文件来打开，再进行编辑和修改。

科学精神的培养

① 比较 Keil uVision IDE 与 BASIC Stamp 系列开发环境的优缺点，找出它们的共同特点。

② 比较第一个 C 语言程序与第一个 PBASIC 程序的异同，找出它们的共同点。

③ 比较 BASIC Stamp 的 PBASIC 调试指令和 Keil C 的输出指令 printf 的异同。

④ 查找 C 语言的标准输入输出库函数，了解 printf 的总体功能。本讲中用到了它的两个格式符和控制符，介绍了 printf 输出的各种数据类型。

⑤ 要了解和掌握 C 语言支持的各种数据类型和如何编写简单的程序，马上进入下一讲。

第2讲　最简单的C程序设计
——机器人做算术

学习背景

最初发明的计算机是专门用来进行数学计算的，但是发展到今天，计算机几乎已经无所不能。不过，这个无所不能的背后还是由计算机的计算能力在支撑。归根到底，最后计算机能够做的只是计算，所有的符号运算、字符处理、图形处理等，都会由相应的软件系统转化为数学运算，提交给 CPU 处理。所以，学习 C 语言编程的第一步就是编写一些简单的 C 程序，了解和掌握 C 语言能够处理的基本数据类型和数学运算。

C 语言支持的基本数据类型包括整型、浮点型、字符型等。整型就是用来表示数学中常用的整数，而浮点型则用来表示数学中所说的实数，也就是有小数部分的数据，字符型用来表示常用的字符，如各种英文字母或者本讲要用到数学运算符号等。

要让机器人能够像计算器一样进行各种数据运算，需要在键盘上输入各种数据，这比较复杂。本讲直接在程序中输入各种数学公式和数据来熟悉 C 语言的数据类型和数学运算，并将运算结果通过串口调试软件显示在计算机屏幕上。

任务1　整型数据的运算和结果显示

首先将 HelloRobot.c 另存为 RobotComputation.c，然后按照第一讲的步骤建立一个新的项目，将 RobotComputation.c 加入到项目中，并将源程序修改成如下代码：

```
#include<uart.h>
int main(void)
{
    int i;
    uart_Init();
    i=7*11;
    printf("What's 7 X 11?\n");
    printf("The answer is :%d\n",i);
    while(1);
}
```

将项目编译、连接生成执行代码，下载并运行，查看输出结果是否与图 2-1 一样。

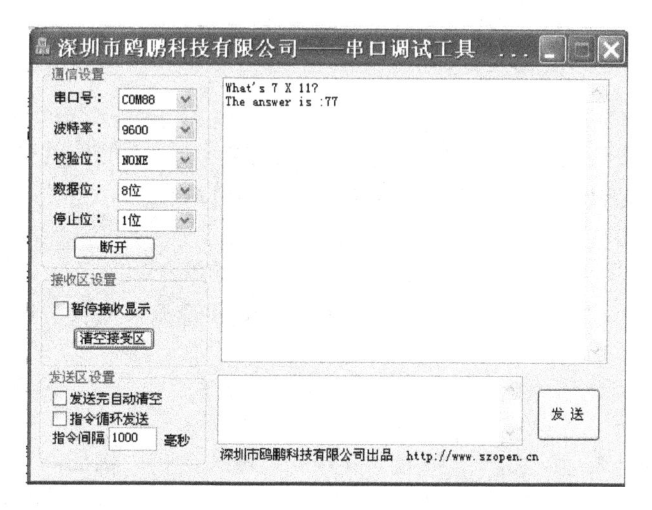

图 2-1　程序 RobotComputation 输出结果

RobotComputation.c 是如何工作的

C 语言用关键词 int 来定义一个整型变量。int 是英文单词 integer 的前三个字母，integer 在英文中就是整数的意思。

变量的定义

在程序执行过程中，其值可改变的量称为变量。它们可与数据类型结合起来分类，如可分为整型变量、浮点变量、字符变量。在程序中，变量必须先定义后使用。一个变量应该有一个名字（标志符），在计算机（这里是单片机）内存中占据一定的存储单元，在该存储单元中存放变量的值。请注意区分变量名和变量值这两个概念。所有 C 语言变量必须在使用之前定义。定义变量的一般形式是：

```
type variable_list;
```

这里的 type 必须是有效的 C 语言数据类型，variable_list（变量表）可以由一个或多个由逗号分隔的多个标志符名构成。例如：

```
int i;
```

的意思就是定义了一个整型的变量 i，后面的程序可以给 i 赋值，而且可以多次赋值。

在 C 语言中，标志符是对变量、函数名和其他各种用户定义对象的命名。标志符的长度可以是一个或多个字符。绝大多数情况下，标志符的第一个字符必须是字母或下画线，随后的字符必须是字母、数字或下画线（某些 C 语言编译器可能不允许下画线作为标志符的起始字符）。表 2-1 是一些正确或错误标志符命名的实例。

表 2-1　正确或错误标志符命名实例

正确形式	错误形式
Count	2count
test23	hi!there
High_balance	high..balance

“uart_Init();”在第一讲已经进行过介绍，这里不再重复。

对于

```
i=7*11;
```

这行代码是将 7×11 的结果赋给变量 i，此行代码结束后，i 的值就是 77。C 语言的乘法用*号表示。“＝”在 C 语言中叫做**赋值运算符**。由“＝”连接的式子称为**赋值表达式**，其后加分号构成**赋值语句**，其一般形式为：

```
变量＝表达式;
```

表达式由运算符、常量及变量构成。C 语言的表达式遵循一般代数运算规则。

语句

C 语言规定，任何表达式在其末尾加上分号就构成为语句。例如：

```
printf("What's 7 X 11?\n");
printf("The answer is :%d\n",i);
```

第一个 printf 输出双引号中的字符串作为运算显示提示，这在第一讲中已经用到过。

第二个 printf 首先输出“The answer is:”，随后输出变量 i 的值。**“%d”就是格式字符串，**表示后面要输出 i 的值，并且是十进制数。d 是英文 decimal（意思是十进制）的首个字母。十进制是日常表示数据的一种方法，所有的数据都由 10 个数字组成，即由 0～9 组成。我们已经非常习惯这种表示了。但是计算机为了方便存储数据，表示数据的原理同人类有些差别，主要采用即二进制和十六进制来存储和表示数据。关于二进制、十六进制数据的表示方法，以及它们与十进制数据之间的相互转换，可以查阅相关资料。后面的学习章节中也会陆续介绍这些表示方法。

最后的“while(1);”语句让程序停下来，相当于执行完成。

注意

C 语言中变量名与其类型无关。但变量一经确定类型，最好不要轻易改变。

算术运算符

表 2-2 给出了 C 语言允许的算术运算符。在 C 语言中，运算符“＋”、“－”、“*”和“/”的用法与大多数计算机语言相同，几乎可以用于 C 语言内定义的任何数据类型。

表 2-2　算术运算符

运 算 符	用　处
＋	加法
－	减法
*	乘法
/	除法

该你了——修改 RobotComputation.c 进行更多的运算

按照如下代码修改 RobotComputation.c 程序，重新编译、下载和执行。

```
#include<uart.h>
int main(void)
{
    int i;
    int a,b,h;
    uart_Init();
```

```
        a=180;
        b=100;
        h=300;
        i=(a+b)*h;
        printf("What's   (%d + %d ) X %d?\n",a,b,h);
        printf("The answer is :%d\n",i);
        i=a+b*h;
        printf("What's   %d + %d X %d?\n",a,b,h);
        printf("The answer is :%d\n",i);
        while(1);
    }
```

该程序在原有代码基础上增加了一行整形数据变量定义：

```
int a,b,h;
```

一行定义多个变量时，用逗号隔开它们。

然后在初始化串口后给这 3 个变量赋值，并用这 3 个变量组成了 1 个运算表达式给变量 i 赋值，随后显示运算表达式及其运算结果。即：

```
a=180;
b=100;
h=300;
i=(a+b)*h;
printf("What's   (%d + %d ) X %d?\n",a,b,h);
printf("The answer is :%d\n",i);
```

再后面语句中的运算表达式去掉了括号，并将运算结果赋给了 i，其运算结果通过后面的输出显示语句显示出来，即：

```
i=a+b*h;
printf("What's   %d + %d X %d?\n",a,b,h);
printf("The answer is :%d\n",i);
```

在串口调试软件窗口中观察上述程序的执行结果，是不是同你预计的一样？

很遗憾！第 2 行显示的结果不是所预计的“The answer is 84000”第 4 行显示的结果却是预计的“The answer is 30180”。

前面已经提到，数据在计算机内部是以二进制形式存放的。C 语言为整型变量在计算机内存中分配 2 字节（即 16 位）的存储单元。这 2 字节的存储空间决定了**整型变量的取值范围为**-2^{15}**～**$(2^{15}-1)$**，即−32768～32767**。按照数学运算规则，第一个表达式的运算结果是 84000，但是 84000 这个值放到 i 这个变量时放不下，因为它大于 32767，因此不能显示 84000。就像一个杯子只能装一定量的水，如果给它倒更多水，它装不下，直接溢出了，不同的是，溢出时杯子里装的还是一满杯水，而变量存储的却是溢出的部分。在计算机中，如果给一个变量的值超过了它的表示范围，也叫**溢出**，此时程序就会出现问题。因此在编写程序时，一定要避免这种状况出现。程序的显示结果是

```
The answer is :18464
```

因为 84000−32768−32768=18464，相当于溢出了两次，剩下的数是 18464。

第 2 个算术表达式按照运算规则，先计算乘法，再相加，结果是 30180，没有超出整型

变量的表示范围，显示结果正确。

如果定义的整型变量的取值可能大于32767，或者小于-32768，就需要在int前面加上修饰符long，将其定义成长整型。长整型数据在计算机中占用4字节，因此其**取值范围为-2^{31}～(2^{31}-1)，即-2147483648～2147483647**。这样的取值范围对于一般的计算来说够用了。

修改程序，将i定义成长整型

```
long int i;
```

也可以直接用

```
long i;
```

来定义长整型变量。

有long修饰符就有short（短型）修饰符，因此相应的就有3类整型变量：

① 基本整型，以int表示。

② 短整型，以short int 表示，或以short表示。

③ 长整型，以long int 表示，或以long表示。

C语言实际上没有具体规定以上各类数据所占内存的字节数，只要求long型数据长度不短于int型，short型不长于int型。具体如何实现由计算机系统自行决定。在本书使用AT89S52计算机系统中，三种类型都是16位，2字节。

另外，按照标准C语言语法规则，显示长整型数据还需要将格式输出字符串修改成如下形式：

```
printf("The answer is :%ld\n",i);
```

按照以上说明修改 RobotComputation.c 程序，重新编译、下载和执行。显示结果是否正确？很遗憾，虽然没有编译错误，成功地生成了执行文件，但执行结果没有变化！没有输出我们期待的

```
The answer is 84000
```

因为AT89S52是一个8位单片机，它不支持32位的长整型变量，最大只支持16位的标准整型变量。不过，这对于我们开发一些小型的嵌入式程序而言，够用了。

现在将程序中的h赋一个负值，比如

```
h=-50
```

重新编译、下载和执行程序，看看结果是不是同所预期的一样。

完全一样！C语言的基本算术运算完全遵从基本的运算规则和运算顺序。

任务2　浮点型数据的运算

C语言中的浮点数（floating point number）就是平常所说的实数（real number）。现在来看看浮点型数据的定义、运算和显示方法。继续将RobotComputaition.c修改成如下代码：

```
#include<uart.h>
int main(void)
{
    float a,b,h;
    uart_Init();
```

```
        a=123456.789;
         b=a+20;
        printf("%f\n",b);
        while(1);
    }
```

编译下载和运行上述程序，结果是显示 123476.800000。计算机直接将小数点后的第 2 位进行了四舍五入。再将 a 值修改成 123456.789e5，即 $a=123456.789\times10^5$，重新编译下载和执行程序，显示结果是 12345680000.000000。是不是很奇怪！

这些结果之所以都与预期的不一样，都是由于任何一个浮点数都是有限存储单元来存放的。一个浮点数一般在内存中占 4 字节（32 位）。与整型数据的存储方式不同，浮点型数据是按照指数形式存储的。系统把一个浮点型数据分成小数部分和指数部分分别存放。指数部分采用规范化的指数形式。实数 123456.789 在内存中的存放形式如图 2-2 所示。

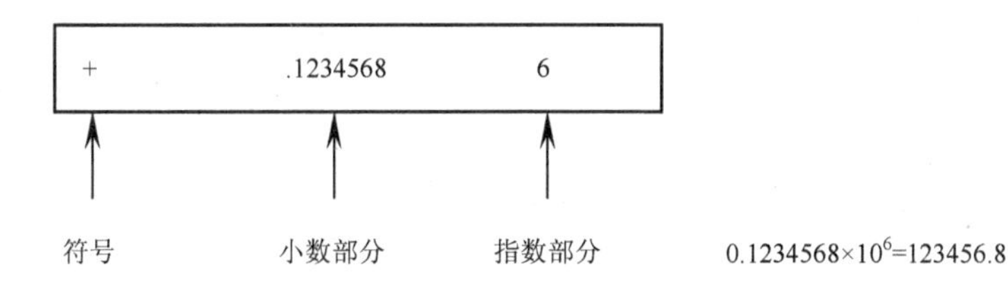

图 2-2　浮点数的存放形式示意图

图 2-2 中是用十进制数来示意的，实际上计算机中是用二进制数来表示小数部分，用 2 的幂次来表示指数部分。

这 4 字节中究竟用多少位来表示小数部分，多少位来表示指数部分，C 语言标准并无具体规定，由各 C 语言编译系统自定。不少 C 语言编译系统以 24 位表示小数部分（包括符号），以 8 位表示指数部分（包括指数的符号）。小数部分占的位数越多，数的有效数字越多，精度也就越高。指数部分占的位数越多，则能表示的数值范围越大。

受到表示小数位的位数限制，float 浮点型数据的小数部分只能接受 7 位有效数字，所以第一个 123456.789 数字的最后两位小数不起作用，最后就显示 123456.8。而在 a=123456.789e5 时，也是因为小数部分的有效数字是 7 位，后面加的 20 根本就体现不出来了。

为了提高浮点数的表示精度，还可以定义双精度浮点数（double）和长双精度（long double）浮点数。不过这些数据类型在 8 位单片机的 C 语言编译系统中不支持，所以这里就不详细介绍了。

通过以上实际编程实践，在编程过程中要避免将一个很大的数和一个很小的数直接相加或者相减，否则会将这些“小的数”丢失。这也是我们学习程序设计中最容易忽略的地方，也是最容易出错的地方。

任务 3　字符型数据

字符常量

字符常量是指用一对单引号括起来的一个字符，如'a'、'9'、'！'。字符常量中的单引号只起到定界作用并不表示字符本身。单引号中的字符不能是单引号（'）和反斜杠（\），它们特有的表示法将在转义字符中介绍。

在 C 语言中，字符是按其所对应的 ASCII 码值来存储的，一个字符占 1 字节，见表 2-3。

ASCII 码

ASCII 是美国标准信息交换码（American Standard Code for Information Interchange）的缩写，用来制订计算机中每个符号对应的代码，也叫做计算机的内码（code）。

每个 ASCII 码以 1 字节（Byte）存储，数字 0 ~ 127 代表不同的常用符号，如大写 A 的 ASCII 码是 65，小写 a 则是 97。这套内码加上了许多外文和表格等特殊符号，成为目前常用的内码。

注意字符'9'和数字 9 的区别，前者是字符常量，后者是整型常量，它们的含义和在计算机中的存储方式都截然不同。

表 2-3　部分字符与其所对应的 ASCII 码值

字符	ASCII 码值
!	33
0	48
1	49
9	57
A	65
B	66
a	97
b	98

由于 C 语言中字符常量是按整数存储的，所以字符常量可以像整数一样在程序中参与相关的运算，如：

```
'a'-32;          //执行结果 97-32=65
'A'+32;          //执行结果 65+32=97
'9'-9;           //执行结果 57-9=48
```

转义字符

转义字符是一种特殊的字符常量，以反斜杠“\”开头，后跟一个或几个字符。转义字符具有特定的含义，不同于字符原有的意义，故称“转义”字符。例如，前面各例题 printf 函数中用到的“\n”就是一个转义字符，其意义是“回车换行”。

通常使用转义字符表示用一般字符不便于表示的控制代码，如用于表示字符常量的单引号（'）、用于表示字符串常量的双引号（"）和反斜杠（\）等。

表 2-4 给出了 C 语言中常用的转义字符。

表 2-4　C 语言中常用的转义字符

转 义 字 符	含　义	ASCII 值（十进制）
\b	退格（BS）	8
\n	换行（LF）	10
\t	水平制表（HF）	9
\\	反斜杠	92

续表

转 义 字 符	含　　义	ASCII 值（十进制）
\'	单引号字符	39
\"	双引号字符	34
\0	空字符（NULL）	0
\ddd	任意字符 3 位八进制	
\xhh	任意字符 2 位十六进制	

广义地讲，C 语言字符集中的任何一个字符均可用转义字符来表示。表中的\ddd 和\xhh 正是为此而提出的。ddd 和 hh 分别为八进制和十六进制的 ASCII 代码。如“\101”表示字母“A”，“\102”表示字母“B”，“\134”表示反斜线，“\XOA”表示换行等。

字符变量

字符变量用来存放字符常量，只能存放一个字符。

字符变量的定义形式如下：

```
char c1,c2;
```

它表示 c1 和 c2 为字符变量，各放入一个字符，因此可以用下面语句对 c1、c2 赋值：

```
c1='a';c2='A';
```

在所有 C 语言编译系统中，都规定用 1 字节来存放 1 个字符，或者说一个字符变量在内存中占 1 字节。

将字符串常量放到字符串变量中，实际上并不是把该字符本身放到内存单元中，而是将该字符相应的 ASCII 码放到存储单元中。既然在内存中字符数据以 ASCII 码存储，它的存储形式就与整数的存储形式类似，这就使得字符型数据和整型数据之间可以通用。一个字符型数据既可以以字符形式输出，也可以以整数形式输出。以字符形式输出时，需要先将存储单元中的 ASCII 码转换成相应的字符，然后输出。以整数形式输出时，直接将 ASCII 码作为整数输出。也可以对字符数据进行算术运算，此时相当于对它们的 ASCII 码进行算术运算。

编写录入如下例子程序，编译连接生成可执行文件，下载执行，看看运行结果是否同所预计的一样。

```
#include<uart.h>
int main(void)
{
    char a,b,h;
    uart_Init();
    a=97;
     b=98;
    printf("%c    %c\n",a,b);
     printf("%d    %d\n",a,b);
     while(1);
}
```

工程素质和技能归纳

本讲涉及的主要技能

① 整型数据变量的定义和使用，变量的命名规则。
② C 语言的运算符、算术表达式和赋值语句。
③ 整型数据的输出格式符。
④ 整型数据在内存中的表示方式和表示范围。
⑤ 浮点型数据变量的定义和使用。
⑥ 浮点型数据在内存中的表示方法。
⑦ 浮点数据的运算和格式显示。
⑧ 字符型数据与 ASCII 码，字符型数据在内存中存储方式和输出。

常见错误

第一次编写 C 语言程序，在编译程序时会遇到各种各样的问题，一些常见的问题如下：

① 变量名称定义和规范问题。C 语言程序区分各种变量名称的大小写，同一个名字如果大小写不一样，C 语言都将其视为不同的变量。

② 变量类型一经确定，就确定了其能够表示的最大的数和最小的数。如果变量取值超过了这个范围，就会出现意外的结果。

科学精神的培养

① 单片机的存储空间有限，所以它不支持标准 C 语言支持的长整型、双精度等数据类型。如果程序一定需要，应该怎样解决这个问题？

② 通过本讲的例子，你是否理解程序顺序执行这一基本结构？

③ 如何通过算术运算让各种字符数据之间实现转换？字符数据之间的转换同通信密码之间有何关系？

第3讲　循环程序设计——让机器人动起来

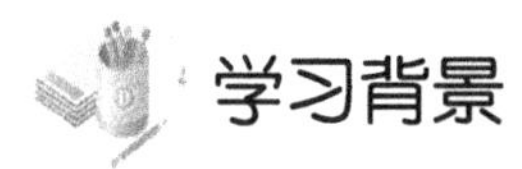

学习背景

循环是大自然演化的基本特征，例如，时间是每60秒1分钟不断循环重复，每60分钟1小时不断循环重复，每24小时1天不断循环重复；生物的生长也是根据时间的演化不断循环重复一些基本的行为等。程序作为一种对这种演化或者行为的模拟描述，自然要包含循环。实际上，几乎所有的程序都包含循环。循环是程序的基本结构之一。本讲通过用单片机AT89S52的输入/输出接口控制机器人的运动，来学习和实践循环程序设计的各种知识和技能，让循环程序的设计变成一个自然的逻辑设计过程。在此之前，我们先简单了解单片机的输入/输出接口。

C51单片机的输入/输出接口

控制机器人运动的伺服电动机以不同速度运动是通过单片机的输入/输出（I/O）接口输出不同的脉冲序列来实现的。51系列单片机有4个8位的并行I/O接口：P0、P1、P2和P3。这4个接口既可以作为输入，也可以作为输出；可按8位处理，也可按位方式（1位）使用。图3-1是单片机AT89S52的引脚定义图，这是一个标准的40引脚双列直插式集成电路芯片。

说到这里，你或许会问，单片机如何知道它的引脚端口是作为输入还是输出呢？

这与单片机各I/O接口的内部结构有关，而且每个8位并行I/O接口的使用方式也不太一样。后面会根据机器人控制的需要简要介绍它们的原理和使用方法。本讲主要介绍如何用P1接口来完成机器人伺服电动机的控制。P1接口作为输出时，使用非常简单，可以直接对该接口的位进行操作而不需额外设置，即只需向该接口对应的各个位置0或者1，置1时，接口输出5V高电平，置0时，接口输出0V低电平。

AT89S52引脚

AT89S52共有40根引脚，其中32根是I/O端口引脚，如图3-1所示。这32根引脚中有29根具备两种用途（用圆括号写出），既可作为I/O端口，也可作为控制信号或地址及数据线。

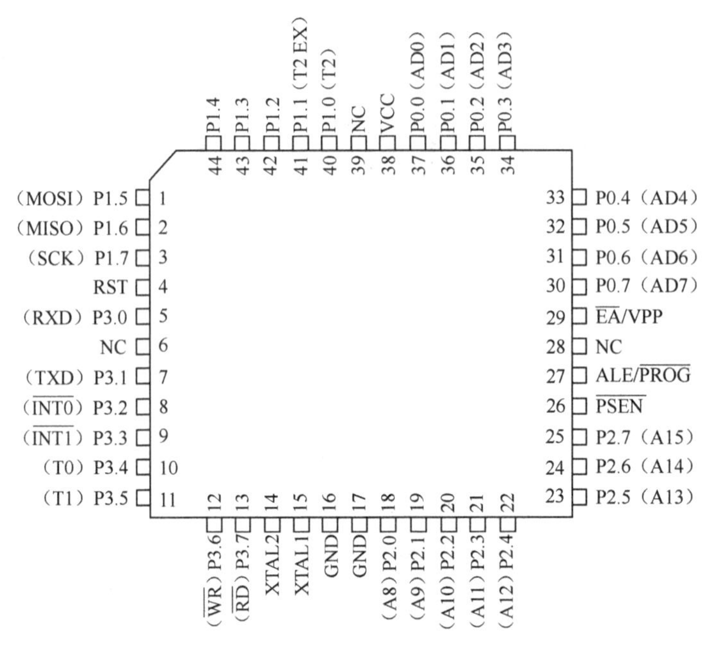

图 3-1　单片机 AT89S52 引脚 I/O 定义图

任务 1　单灯闪烁控制

为了验证 P1 接口的输出电平是不是由你编写的程序控制，可以采用一个非常简单的办法，就是在想验证的接口引脚上接一个发光二极管。当输出高电平时，发光二极管灭；输出低电平时，发光二极管亮。

在本任务中，使用 P1 接口的第一脚（**在程序中记为 P1_0，在图 3-1 所示的引脚定义图中为 P1.0，而在教学板上则标注成了 P10**，后面的章节中无论采用哪种符号，都是指同一个引脚，其他接口也是类似）来控制发光二极管以 1Hz 的频率不断闪烁。

LED 电路元件

（1）红色发光二极管，2 个。

（2）470Ω电阻，2 个。

LED 电路搭建

按照图 2-2 上部分所示电路，在教学板的面包板上搭建起实际电路。在搭建电路以前先来认识面包板。

教学板前端，那块白色的、有许多孔或插座的区域称为无焊料的面包板。面包板连同它三边黑色插孔称为原型区域，如图 3-2 所示。

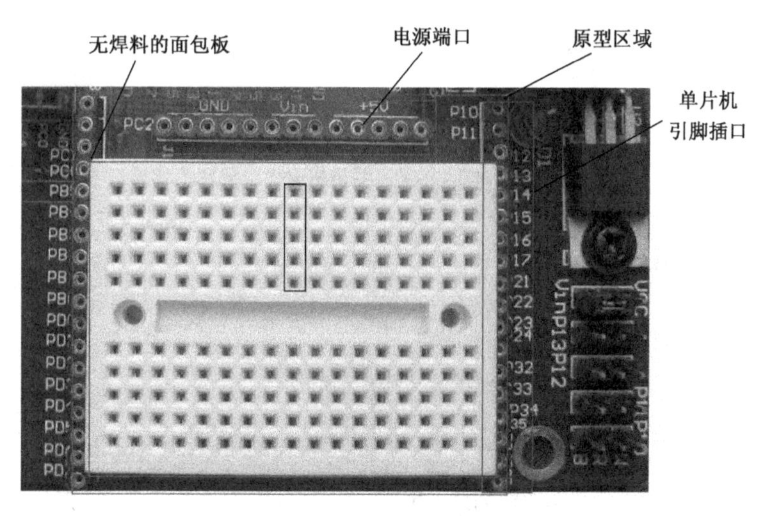

图 3-2　教学板上的原型区域

在面包板插孔上插上元器件，如本任务要用到的电阻、LED 灯就可以构成本书中的例程电路。元器件靠面包板插孔彼此连接。在图 3-2 所示面包板上端有一排黑色的插孔，上面标识着“+5V”、“Vin”和“GND”，称为电源端口，可以给面包板上的电路供电。右面一排黑色的插孔从上到下标识着 P10～P17、P21～P24、P32～P37（共 18 个），这些插孔通过电路板上的导线分别与图 3-1 所示单片机相应引脚 P1.0～P1.7、P2.1～P2.4、P3.2～P3.7 连接在一起。因此，通过这些插孔，可以将搭建的电路与单片机相应的 IO 引脚连接起来。

面包板上共有 17 列插孔，列与列之间互不相通。整个面包板通过中间槽分为两大行，这两大行之间的插孔互不相通。每一小列由 5 个插孔组成，这 5 个插孔在面包板上是电气相连的。根据电路原理图的指示，可以将元器件通过这 5 个插孔连接起来。如果将两根导线分别插入 5 个插孔中的任意两个中，它们都是电气相连的。

图 3-3 所示的电路原理图指引你如何连接电路元器件，电路原理图使用唯一的符号来表示不同的元器件。这些器件符号用细线相连，表示它们是电气相连的。在电路原理图中，当两个器件符号用细线相连时，表示它们之间是电气连接的。细线还可以将元器件与电压端口连接。“Vcc”、“Vin”和“GND”都有自己的符号意义。“GND”对应于教学板的接地端，即 6V 低电平；“Vin”指教学板上电源的正极，“Vcc”指经过教学板校准的+5V 电压，即连接到面包板上方的“+5V”端口。

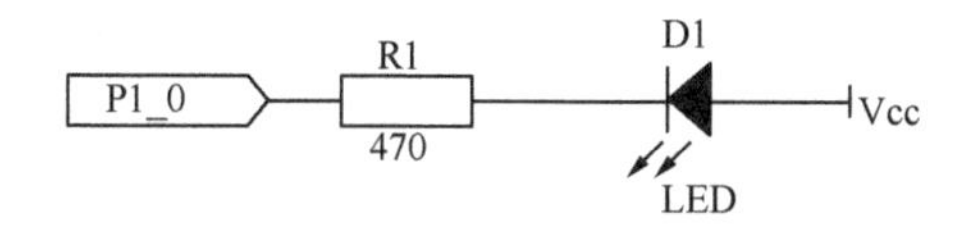

图 3-3　1 个发光二极管与单片机的电气连接原理图

图 3-4 为元器件电路符号与实际元器件的对应示意图。元器件符号图的上方就是该元器件的零件示意图。

在图 3-4 中，左边显示的 LED 灯电路符号和零件示意图，LED 灯的两个引脚有正负之分，长的引脚必须接电源正极，通电时，灯才会亮。右边显示的电阻的符号和零件示意图。电阻没有正负极之分。

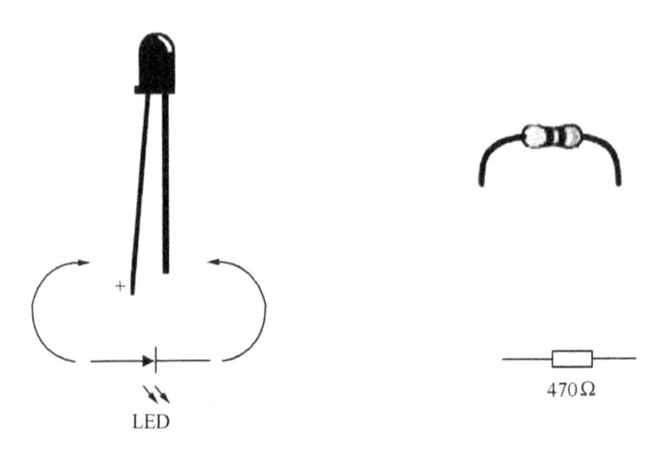

图3-4　电子零件及符号（左边为LED，右边为470Ω电阻）

根据图3-3实际搭建好的电路参考图3-5所示。

图3-5　发光二极管与I/O脚P1_0的连接

实际搭建电路时应注意：

⊙ 确认发光二极管的短针脚（阴极）插入面包板，通过电阻与P1_0相连。

⊙ 确认发光二极管的长针脚（阳极）插入"+5V"插口，这里+5V就是电路图上的Vcc。

例程：HighLowLed.c

（1）接通教学板上的电源。

（2）输入、保存、下载并运行程序HighLowLed.c（整个过程请参考第1讲）。

（3）观察与P1_0连接的LED是否每隔一秒发光、关闭一次。

```
#include<BoeBot.h>
#include<uart.h>
int main(void)
{
  uart_Init();                           //初始化串口
  printf("The LED connected to P1_0 is blinking!\n");
  while(1)
  {
    P1_0=1;                              // P1_0 输出高电平
    delay_nms(500);                      //延时 500ms
    P1_0=0;                              // P1_0 输出低电平
```

```
        delay_nms(500);                        //延时 500ms
    }
}
```

HighLowLed.c 是如何工作的

与第 1 讲程序相比，本例程多使用了一个头文件 BoeBot.h，其中定义了两个延时函数：void delay_nms(unsigned int i)和 void delay_nus(unsigned int i)。

无符号整型数据 unsigned int

与第 1 讲讲到的整型数据 int 相比，无符号整型数据 unsigned int 只有一个不同：数据的取值范围为−32768～+32767 变为 0～65535，也就是说，它只能取非负整数。修饰符 unsigned 放到 int 前面，指定后面的变量为无符号数。如果加上修饰符 signed，则指定是“有符号数”。如果既不指定 signed，也不指定为 unsigned，则隐含为有符号（signed）。实际上，signed 是可以省略的。

如果不指定 unsigned，则存储单元中最高位代表符号（0 为正，1 为负）。如果指定 unsigned，为无符号型，存储单元中全部二进制位（bit）都用来存放数据，而不包括符号。无符号型变量只能存放不带符号的整数，而不能存放负数。一个无符号变量中可以存放的正数范围比有符号变量中存放的正数的范围扩大 1 倍。

delay_nms( )是毫秒级的延时，而 delay_nus( )是微秒级的延时。如果想延时 1s，可以使用语句“delay_nms(1000);”1ms 的延时则用 delay_nus(1000)来完成。

注意

上述的延时函数是在外部晶振为 12MHz 的情况下设计的，如果外部晶振频率不是 12MHz，调用这两个函数所产生的真正延时就会发生变化。

晶振的作用

单片机要工作时必须有一个标准时钟信号，而晶振就为单片机提供标准时钟信号。

uart_Init( )为串口初始化函数，在头文件 uart.h 中实现，具体实现方式不是本书学习和研究的内容。

调用 printf 是为了在程序执行前给调试终端发送一条提示信息，告诉你现在程序开始执行了，并告诉你程序随后将开始干什么。在编程开发过程中形成这种良好的习惯，有助于提高程序的调试效率。代码段为：

```
while(1)
{
  P1_0=1;                    // P1_0 输出高电平
  delay_nms(500);            //延时 500ms
  P1_0=0;                    // P1_0 输出低电平
  delay_nms(500);            //延时 500ms
}
```

上述程序是本例程的功能主体。首先看两个大括号中的代码：先给P1_0脚置1，由赋值语句“P1_0=1；”完成，然后调用延时函数delay_nms(500)，让单片机微控制器等待500ms，再给P1_0脚置0，即P1_0=0，再次调用延时函数delay_nms(500)。置1时，单片机对应端口输出5V高电平，置口时输出0V低电平，这样就完成了一次闪烁。在程序中没有P1_0的定义，它已经在由C语言为C51开发的标准库中定义好，由头文件uart.h包括进来。后续章节中将要用到的其他引脚名称和定义都是如此。

注意

在所有计算机系统中，都用1表示高电平，0表示低电平，所以P1_0=1表示要向该接口输出高电平，而P1_0=0就表示给该接口输出低电平。对于单片机及其引脚而言，高电平就是+5V，低电平就是0V，即等同于GND的电平。

例程中两次调用延时函数，让单片机微控制器在给P1_0引脚输出高电平和低电平之间都延时500ms，即输出的高电平和低电平都保持500ms。

微控制器的最大优点之一就是它们从来不会抱怨不停地重复做同样的事情。为了让单片机不断闪烁，你需要把让LED闪烁一次的几个语句放在while(1){…}循环中。这里用到了C语言实现循环结构的一种形式——while语句。

while语句

while语句的一般形式如下：

while(表达式) 循环体语句

当表达式为非0值时，执行while语句后的循环体语句，其特点是先判断表达式，后执行语句。例程中直接用1代替了表达式，因此总是非0值，所以循环永不结束，也就可以一直让LED灯闪烁。

注意

循环体语句如果包含一个以上的语句，就必须用“{ }”括起来，以复合语句的形式出现。如果不加{ }，则while语句的范围只到while后面的第一个分号处。例如，本例中while语句中如果没有{ }，则while语句的范围只到“P1_0=1;”。

也可以不要循环体语句，如第1讲例程中就直接用“while(1) ;”语句，程序将一直停在此处。

时序图简介

单片机端口引脚信号随时间的变化可以用时序图来描述，一个端口引脚的时序图反映的是其高、低电压信号与时间的变化关系图。在图3-6中，时间从左到右增长，P1_0引脚的高、低电压信号随着时间在0～5V间变化。这个时序图显示的是刚才实验中的1000ms的高、低电压信号片段。右边的省略号表示这些信号不断重复出现。

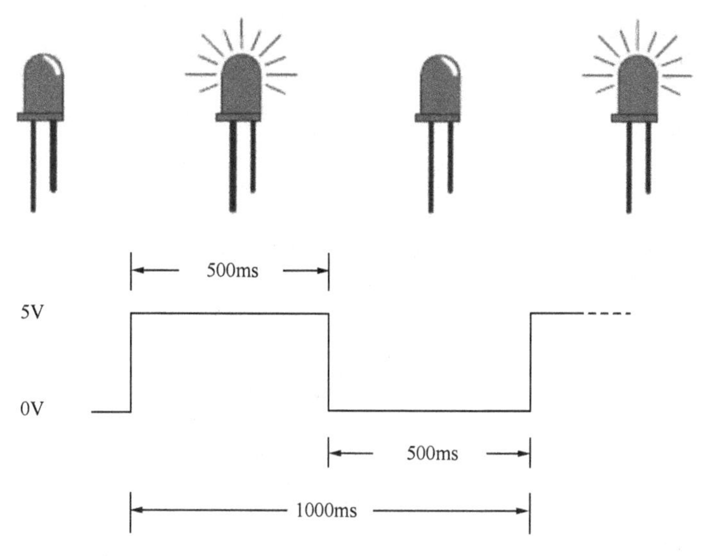

图 3-6　程序 HighLowLed.c 控制的引脚时序图

该你了——让另一个 LED 闪烁

让另一个连接到 P1_1 引脚的 LED 闪烁是一件很容易的事情。按照图 3-3 所示的电路原理图，把 P1_0 改为 P1_1，再在面包板上搭建另一个 LED 灯电路。为了让电路看起来比较整洁有序，可以参考图 3-7 所示的布局将两个 LED 电路搭建好。通过该电路的搭建，你能够更好地了解面包板的特征。

图 3-7　两个 LED 灯分别与 P1_0 和 P1_1 的连接实物图

然后参考下面的代码段修改程序：

```
uart_Init();
printf("The LED connected to P1_1 is blinking!");
while(1)
{
  P1_1=1;                          // P1_1 输出高电平
  delay_nms(500);                  //延时 500ms
```

```
        P1_1=0;                          // P1_1 输出低电平
        delay_nms(500);                  //延时 500ms
    }
```

运行修改后的程序，确定能让第 2 个 LED 闪烁。

也可以让两个 LED 同时闪烁，参考下面代码段修改程序：

```
    uart_Init();
    printf("The LEDs connected to P1_0 and P1_1 are blinking!\n ");
    while(1)
    {
        P1_0=1;                          // P1_0 输出高电平
        P1_1=1;                          // P1_1 输出高电平
        delay_nms(500);                  //延时 500ms
        P1_0=0;                          // P1_0 输出低电平
        P1_1=0;                          // P1_0 输出低电平
        delay_nms(500);                  //延时 500ms
    }
```

运行修改后的程序，确定能让两个 LED 几乎同时闪烁。

当然，你可以再次修改程序，让两个发光二极管交替亮或灭，也可以通过改变延时函数参数 n 的值，来改变两个 LED 灯的闪烁频率。

尝试一下！

任务 2　机器人伺服电动机控制信号

图 3-8 所示是高电平持续 1.5ms，低电平持续 20ms，然后不断重复地控制脉冲序列。该脉冲序列发给经过零点标定后的伺服电动机，伺服电动机不会旋转。如果此时电动机旋转，表明电动机需要标定。从图 3-8、图 3-9 和图 3-10 可知，控制电动机运转速度的是高电平持续的时间，当高电平持续时间为 1.3ms 时，电动机顺时针全速旋转，当高电平持续时间 1.7ms 时，电动机逆时针全速旋转。按照任务 1 中给单片机微控制器编程使 P1 端口的两个引脚（P1_0 和 P1_1）控制两个 LED 闪烁的方法来重新给单片机编程，就可以给这两个引脚发出伺服电动机的控制信号。

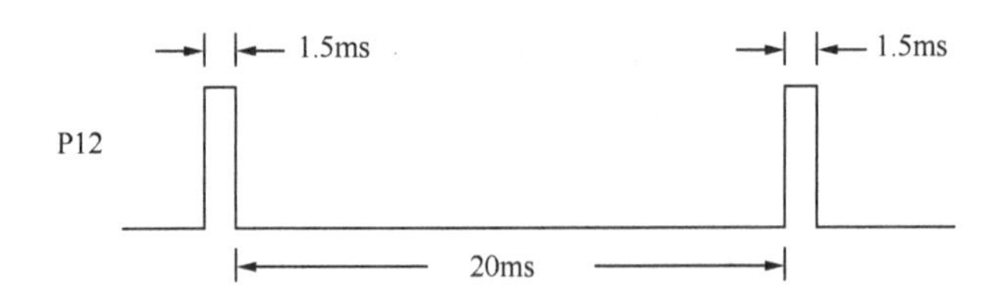

图 3-8　电动机转速为零的控制信号时序图

在进行下面的学习之前，必须首先确认一下机器人两个伺服电动机的控制线是否已经正确地连接到 C51 单片机教学板的两个专用电动机控制接口上。如图 3-11 所示，教学板的右下角有 4 组 3Pin 的专用插针，从下到上分别标注为 P10、P11、P12 和 P13，专门用来连接连续

旋转伺服电动机。在 P10 插针的下面还有 3 个字母，分别标注为 W、R、B。这 3 个字母分别是 White、Red 和 Black 三个英文单词的首字母，表示白色、红色和黑色，用于指示将伺服电动机的连接线插到插针上时，要与电动机连接线的颜色排序一致。

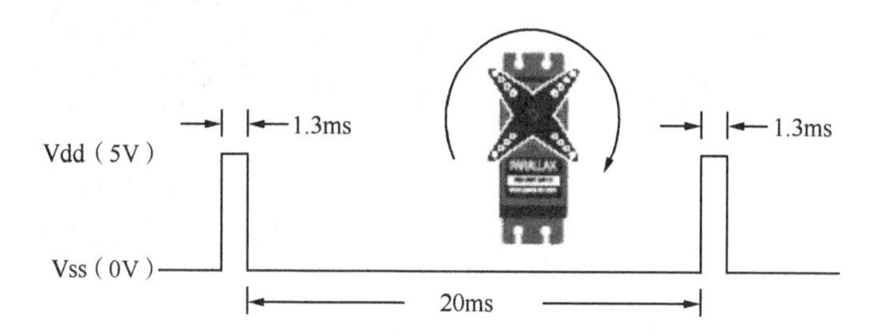

图 3-9　1.3ms 的控制脉冲序列使电动机顺时针全速旋转

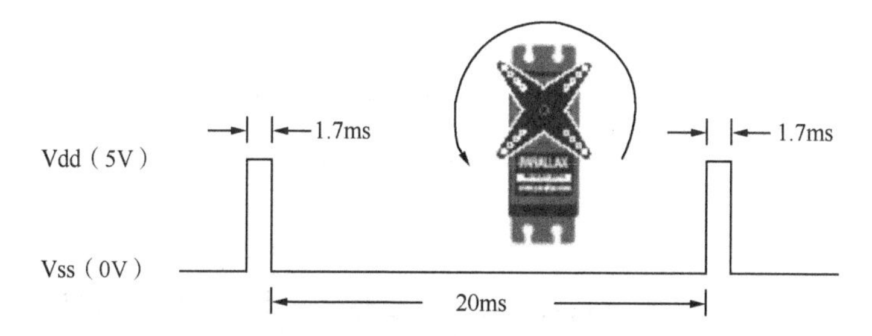

图 3-10　1.7ms 的连续脉冲序列使电动机逆时针全速旋转

图 3-11　教学板上的 4 个专用电动机插针

按照图 3-12 所示的电动机连接原理图和实际接线图将两个电动机的连接线连接到教学板上。具体连接时，注意将 P1_0 引脚的控制输出用来控制右边的伺服电动机，P1_1 则用来控制左边的伺服电动机。

单片机编程发给伺服电动机的高、低电平信号必须具备更精确的时间。因为前面我们提供的单片机延时函数只能提供毫秒的整数倍延时，不能提供小数倍数的延时，所以要生成伺服电动机的控制信号，要求具有比 delay_nms( )延时时间更小单位的延时函数，这就需要用到另一个延时函数 delay_nus(unsigned int n)。这个函数可以实现更少的延时，延时单位是微秒μs，即千分之一毫秒，参数 n 为延时微秒数。

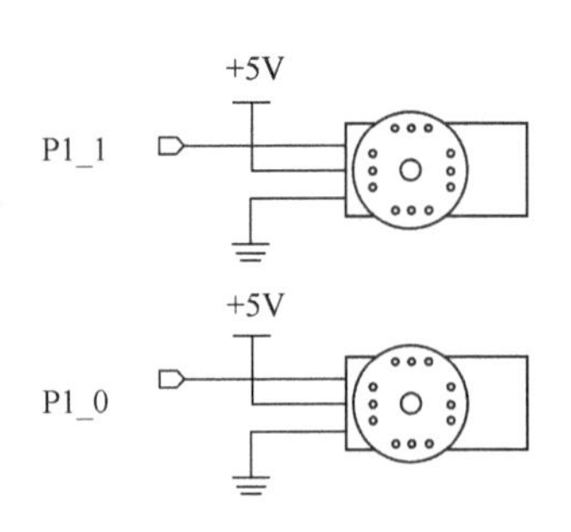

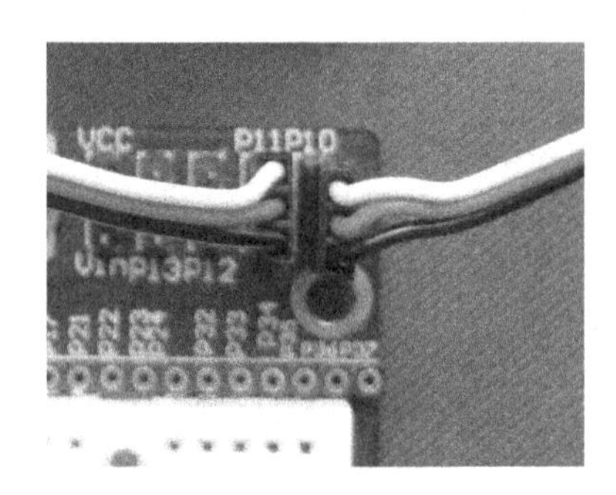

图 3-12　伺服电动机与教学底板的连线原理图（左）和实际接线示意图（右）

看看下面的代码片段：

```
while(1)
{
  P1_0=1;                    //P1_0 输出高电平
  delay_nus(1500);           //延时 1.5ms，即 1500 微秒
  P1_0=0;                    //P1_0 输出低电平
  delay_nus(20000);          //延时 20ms
}
```

如果用这个代码段代替例程 HighLowLed.c 中相应的程序片段，它是不是就会输出如图 3-8 所示的脉冲信号？是！如果你手边有示波器，可以用示波器观察 P1_0 脚输出的波形是不是如图 3-8 所示。此时，连接到该脚的机器人轮子是不是静止不动？如果它在慢慢转动，就说明你的机器人伺服电动机可能没有经过调整。

同样，用下面的程序片段代替例程 HighLowLed.c 中相应的程序片段，编译、连接下载执行代码，观察连接到 P1_0 脚的机器人轮子是不是顺时针全速旋转。

```
while(1)
{
  P1_0=1;                    //P1_0 输出高电平
  delay_nus(1300);           //延时 1.3ms
  P1_0=0;                    //P1_0 输出低电平
  delay_nus(20000);          //延时 20ms
}
```

用下面的程序片段代替例程 HighLowLed.c 中相应的程序片段，编译、连接下载执行代码，观察连接到 P1_0 脚的机器人轮子是不是逆时针全速旋转。

```
while(1)
{
  P1_0=1;                    //P1_0 输出高电平
  delay_nus(1700);           //延时 1.7ms
  P1_0=0;                    //P1_0 输出低电平
  delay_nus(20000);          //延时 20ms
}
```

该你了——让机器人的两个轮子全速旋转

刚才是让连接到 P1_0 脚的伺服电动机轮子全速旋转，下面可以修改程序让连接到 P1_1 脚的机器人轮子全速旋转。

当然，最后需要修改程序，让机器人的两个轮子都能够旋转。让机器人两个轮子都顺时针全速旋转参考下面的程序。

例程：BothServoClockwise.c

（1）接通板上的电源。

（2）输入、保存、下载并运行程序 BothServoClockwsie.c。

（3）观察机器人的运动行为。

```
#include<BoeBot.h>
#include<uart.h>
int main(void)
{
        uart_Init();                        //初始化串口
        printf("The LEDs connected to P1_0 and P1_1 are blinking!\n ");
        while(1)
        {
                P1_0=1;                     //P1_0 输出高电平
                P1_1=1;                     //P1_1 输出高电平
                delay_nus(1300);            //延时 500ms
                P1_0=0;                     //P1_0 输出低电平
                P1_1=0;                     //P1_1 输出低电平
                delay_nms(20);              //延时 20ms
        }
}
```

注意

上述程序用到了两个延时函数，效果与前面例子一样。运行上述程序时，你是不是对机器人的运动行为感到惊讶？

如何让机器人前进和后退呢？很简单，只需要将让一个电动机的全速顺时针旋转，另一个电动机全速逆时针旋转，机器人就会全速前进或者后退。具体原因请同学们仔细思考。修改程序 BothServoClockwise.c，让机器人能够全速前进或者后退。

任务 3　计数并控制循环次数

任务 2 中已经通过对 C51 编程实现对机器人伺服电动机的控制，为了让微控制器不断发出控制指令，用到了以 while(1)开头的死循环（即永不结束的循环）。不过在实际的机器人控制过程中，你会经常要求机器人运动一段给定的距离或者一段固定的时间，这时就需要控制代码执行的次数。

for 语句

最方便的控制一段代码执行次数的方法是利用 for 循环，语法如下：

```
For(表达式 1; 表达式 2; 表达式 3) 语句
```

它的执行过程如下：

（1）求解表达式 1。

（2）求解表达式 2，若其值为真（非 0），则执行 for 语句中指定的内嵌语句，然后执行第（3）步；若其值为假（0），则结束循环，转到第（5）步。

（3）求解表达式 3。

（4）转回第（2）步继续执行。

（5）循环结束，执行 for 语句下面的一个语句。

for 语句最简单的应用形式，也就是最易理解的形式如下：

```
for(循环变量赋初值; 循环条件; 循环变量增/减值) 语句
```

例如，下面是一个用整型变量 myCounter 来计数的 for 循环程序片段。每执行一次循环，它会显示 myCounter 的值。

```
for(myCounter=1; myCounter<=10; myCounter++)
{
  printf("%d",myCounter);
  delay_nms(500);
}
```

在这里，向你介绍新的算术运算符。

自增和自减

C 语言有两个很有用的运算符——自增和自减，即“++”和“--”。

运算符“++”是操作数加 1，而“--”是操作数减 1。换句话说：“x=x+1”同“x++”；“x=x-1”同“x--”。

myCounter ++的作用相当于 myCounter=myCounter+1，只不过这样用起来更简洁。这也是 C 语言的特点，灵活简洁。

该你了——不同的初始值和终值及计数步长

你可以修改表达式 3 来使 myCounter 以不同步长计数，而不是按 9，10，11，…来计，你可以让它每次增加 2（9，11，13，…）或增加 5（10，15，20，…）或任何你想要的步长，递增或递减都可以。下面的例子是每次减 3。

```
for(myCounter=21; myCounter>=9; myCounter=myCounter-3)
{
```

```
    printf("%d\n",myCounter);
    delay_nms(500);
  }
```

for 循环控制电动机的运行时间

到目前为止，你已经理解了脉冲宽度控制连续旋转电动机速度和方向的原理。控制电动机速度和方向的方法是非常简单的。控制电动机运行的时间也非常简单，那就是用 for 循环。

下面是 for 循环的例子，它会使电动机运行几秒钟。

```
for(Counter=1;Counter<=100;Connter ++)
{
  P1_1=1;
  delay_nus(1700);
  P1_1=0;
  delay_nms(20);
}
```

来计算这个代码能使电动机转动的确切的时间长度。每通过循环一次，delay_nus(1700)持续 1.7ms，delay_nms(20)持续 20ms，其他语句的执行时间很少，可忽略。那么，for 循环整体执行一次的时间是 1.7ms+20ms=21.7ms，本循环执行 100 次，即 21.7ms 乘以 100，时间为 21.7ms×100=0.0217s×100=2.17s。

假如要让电动机运行 4.34s，for 循环必须执行上面 2 倍的时间。

```
for(Counter=1;Counter<=200; Connter ++)
{
  P1_1=1;
  delay_nus(1700);
  P1_1=0;
  delay_nms(20);
}
```

例程：ControlServoRunTimes.c

（1）输入、保存并运行程序 ControlServoRunTimes.c。

（2）验证是否与 P1_1 连接的电动机逆时针旋转 2.17s，然后与 P1_0 连接的电动机旋转 4.34s。

```
#include<BoeBot.h>
#include<uart.h>
int main(void)
{
  int Counter;

  uart_Init();
  printf("Program Running!\n");
```

```
    for(Counter=1;Counter<=100;Counter++)
    {
      P1_1=1;
      delay_nus(1700);
      P1_1=0;
      delay_nms(20);
    }
    for(Counter=1;Counter<=200;Counter++)
    {
      P1_0=1;
      delay_nus(1700);
      P1_0=0;
      delay_nms(20);
    }
    while(1);
  }
```

假如想让两个电动机同时运行，给与 P1_1 连接的电动机发出 1.7ms 的脉宽，给与 P1_0 连接的电动机发出 1.3ms 的脉宽，现在每通过循环一次要用的时间是：

- 1.7ms——与 P1_1 连接的电动机。
- 1.3ms——与 P1_0 连接的电动机。
- 20ms——中断持续时间。
- ……

一共是 23ms。

如果想使机器人运行一段确定的时间，可以计算如下：

脉冲数量=时间/0.023s=时间/0.023

假如想让电动机运行 3s，计算如下：

脉冲数量=3 / 0.023=130

现在，可以将 for 循环中进行如下修改，程序如下：

```
for(Counter=1;Counter<=130; Counter ++)
{
  P1_1=1;
  delay_nus(1700);
  P1_1=0;
  P1_0=1;
  delay_nus(1300);
  P1_0=0;

  delay_nms(20);
}
```

例程：BothServosThreeSeconds.c

下面是一个使电动机向一个方向旋转 3s 然后反向旋转的例子。

输入、保存并运行程序 BothServosThreeSeconds.c。

```
#include<BoeBot.h>
#include<uart.h>
int main(void)
{
  int counter;
  uart_Init();
  printf("Program Running!\n");

  for(counter=1;counter<=130;counter++)
  {
    P1_1=1;
    delay_nus(1700);
    P1_1=0;

    P1_0=1;
    delay_nus(1300);
    P1_0=0;
    delay_nms(20);
  }
  for(counter=1;counter<=130;counter++)
  {
    P1_1=1;
    delay_nus(1300);
    P1_1=0;

    P1_0=1;
    delay_nus(1700);
    P1_0=0;
    delay_nms(20);
  }
  while(1);
}
```

验证每个机器人是否沿一个方向运行 3s，然后反方向运行 3s。你是否注意到当电动机同时反向的时候，它们总是保持同步运行？这将有什么作用呢？

任务 4　用计算机来控制机器人的运动

在自动化系统中，经常需要单片机与计算机进行通信连接。一方面，单片机需要读取周边传感器的信息，并把数据传给计算机；另一方面，计算机需要解释和分析传感器数据，然后把分析结果或者决策传给单片机以执行某种操作。

在第 1 讲中已经知道，C51 单片机可以通过串口向计算机发送信息，本任务将使用串口和串口调试终端软件，由你从计算机向单片机发送数据来控制机器人的运动。

在本任务中，你需要编程让 C51 单片机从调试窗口接收两个数据：

① 由单片机发给伺服电动机的脉冲个数。

② 脉冲宽度（以μs 为单位）。

例程：ControlServoWithComputer.c

（1）输入、保存、下载并运行程序 ControlServoWithComputer.c。

（2）验证机器人各个轮子的转动是否同期望的运动一样。

```
#include<BoeBot.h>
#include<uart.h>
int main(void)
{
    int Counter;
    int PulseNumber,PulseDuration;
    uart_Init();
    printf("Program Running!\n");

    printf("Please input pulse number:\n");
     scanf("%d",&PulseNumber);
    printf("Please input pulse duration:\n");
    scanf("%d",&PulseDuration);

    for(Counter=1;Counter<=PulseNumber;Counter++)
    {
      P1_1=1;
      delay_nus(PulseDuration);
      P1_1=0;
      delay_nms(20);
    }
    for(Counter=1;Counter<=PulseNumber;Counter++)
    {
      P1_0=1;
      delay_nus(PulseDuration);
      P1_0=0;
      delay_nms(20);
    }
    while(1);
}
```

ControlServoWithComputer.c 是如何工作的

单片机通过串口从计算机读取输入的数据，需要用到格式输入函数。

scanf 函数

scanf 函数与 printf 函数对应，在 C51 库的 stdio.h 中定义。它的一般形式如下：

scanf("格式控制字符串", 地址列表);

"格式控制字符串"的作用与 printf 函数相同，但不能显示非格式字符串，也就是不能显示提示字符串。

地址列表中给出各变量的地址。**地址是由地址运算符"&"后跟变量名组成的**。如"&a"表示变量 a 的地址。这个地址是编译系统在存储器中给变量 a 分配的地址，不必关心具体的地址是多少。

变量的值和变量的地址

这是两个不同的概念，例如：

a=123;

那么，a 为变量名，123 是变量的值，&a 则是变量 a 的地址。

scanf("%d",&PulseNumber)语句会把输入的十进制整数赋给变量 PulseNumber。

程序运行过程如图 3-13 所示。

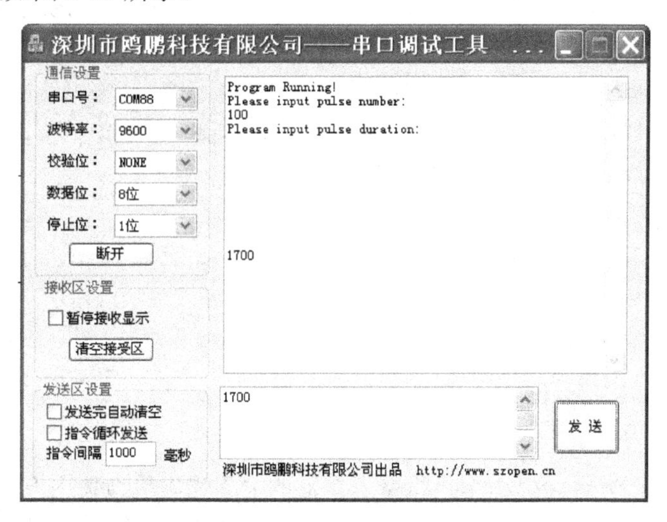

图 3-13 程序运行过程

（1）首先输出"Program Running!"和"Please input pulse number:"。

（2）程序处于等待状态，等待输入数据。

（3）在发送区（显示窗口下面的窗口）输入数据，然后单击"发送"按钮，将数据发送给变量 PulseNumber。

（4）scanf 收到数据后，执行下面的语句，输出"Please input pulse duration:"。

（5）处于等待状态。

（6）在发送区再输入数据，然后单击"发送"按钮，将数据发送给变量 PulseDuration。

（7）程序接收到两个数据后执行余下的程序，让电动机运转。

注意

在输入数据后一定要先回车，再单击“发送”按钮。而且，在发送完第一个数据后，直接在第一个数据上修改一个新的数据发送，不能再另起一行输入一个数据，再单击“发送”。因为“发送”会将窗口中的所有数据发送下去。

一次输入多个数据

当要求输入数据比较多时，上述方法是不是很麻烦？下面的代码可以让你一次输入两个数据，两个数据之间用空格隔开：

```
printf("Please input pulse number and pulse duration:\n");
scanf("%d %d",&PulseNumber,&PulseDuration);
```

想一想，如果要输入 3 个及以上数据，程序代码段该怎样写呢？

工程素质和技能归纳

① C51 系列单片机的引脚定义和分布。

② 用 C51 单片机的 P1 端口的位输出控制单灯和双灯闪烁，时序图的概念，while 循环的引入和延时函数的使用。

③ 机器人伺服电动机的控制脉冲序列，通过给 C51 编程让其输出这些控制脉冲序列。注意：如果你的机器人伺服电动机没有调零，请参考《基础机器人制作与编程》一书中的给伺服电动机调零方法，将伺服电动机的零点调好。

④ 自增运算符的使用。

⑤ for 循环的使用以控制机器人的运动。

⑥ 如何通过串口输入数据控制机器人的运动。

科学精神的培养

① 比较 BS2 微控制器与 C51 单片机微控制器的输入输出接口使用方法。

② 比较 C 语言程序与 BASIC 程序的异同，找出它们的共同点。

③ 比较 C 语言的 for 循环和 PBASIC 的 for 循环。

④ 查找 C 语言的标准输入输出库函数，了解 scanf 的总体功能。

⑤ 有了 scanf 函数，能不能写一个程序模拟我们日常使用的计算器？

第 4 讲　函数与机器人运动控制

学习背景

通过对单片机编程可以使机器人完成各种运动动作。本讲使用 C51 单片机和 C 语言来实现这些功能，同时详细了解 C 语言函数的定义和使用方法。前面已经提到，函数是 C 语言的核心概念和方法。

本讲所要完成的主要任务如下：

（1）对单片机编程使机器人做基本运动动作：向前，向后，左转，右转和原地旋转。

（2）编写程序使机器人由突然启动或停止变为逐步加速或减速运动。

（3）写一些执行基本运动动作函数，每个函数都能够被重复调用。

（4）将复杂巡航运动记录在数组中，编写程序执行这些运动。

任务 1　基本巡航动作

图 4-1 定义了机器人的前、后、左、右四个方向：当机器人向前走时，它将走向本页纸的右边；当向后走时，会走向纸的左边；向左转会使其向纸的顶端移动；向右转它会朝着本页纸的底端移动。

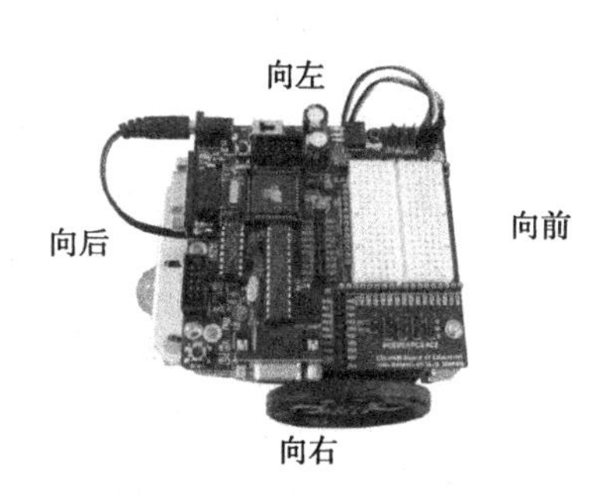

图 4-1　机器人及其前进方向的定义

向前巡航

按照图 4-1 前进方向的定义，机器人向前走时，从机器人的左边看，它向前走时轮子是逆时针旋转的；从右边看另一个轮子则是顺时针旋转的。

回忆一下第 3 讲的内容，发给单片机控制引脚的高电平持续时间决定了伺服电动机旋转的速度和方向。for 循环的参数控制了发送给电动机的脉冲数量。由于每个脉冲的时间是相同的，因而 for 循环的参数也控制了伺服电动机运行的时间。下面是使机器人向前走 3s 的程序实例。

例程：RobotForwardThreeSeconds.c

（1）确保控制器和伺服电动机都已接通电源。

（2）输入、保存、编译、下载并运行程序 RobotForwardThreeSeconds.c。

```
#include<BoeBot.h>
#include<uart.h>
int main(void)
{
        int counter;
        uart_Init();
        printf("Program Running!\n");

        for(counter=0;counter<130;counter++)//运行 3s
        {
                P1_1=1;
                delay_nus(1700);
                P1_1=0;

                P1_0=1;
                delay_nus(1300);
                P1_0=0;

                delay_nms(20);
        }
        while(1);
}
```

RobotForwardThreeSeconds.c 是如何工作的

理解该例程的运行你应该没什么问题：for 循环体中前三行语句使左侧电动机逆时针旋转，后续的三行语句使右侧电动机顺时针旋转。因此两个轮子转向机器人的前端，使机器人向前运动。整个 for 循环执行 130 次大约需要 3s，从而机器人也向前运动 3s。

关于例程调试的一点说明

例程中使用 printf 函数是为了起提示作用。若你觉得串口线影响了机器人的运动，可以不用此函数。还有一个进行调试的方法：让机器人的前端悬空，让伺服电动机空转。这样调试起来就方便了，机器人不会到处乱跑。后面的例程调试也是这样。

该你了——调节距离和速度

① 将 for 循环的循环次数调到 65，可以使机器人运行时间减少到刚才的一半，运行距离也是一半。

② 以新的文件名保存程序 RobotForwardThreeSeconds.c。

③ 运行程序来验证运行的时间和距离是否为刚才的一半。

④ 将 for 循环的循环次数调到 260，重复这些步骤。

delay_nus 函数的参数 n 为 1700 和 1300，都使电动机接近它们的最大速度旋转。把每个 delay_nus 函数的参数 n 设定得更接近让电动机保持停止的值——1500，可以使机器人减速。

更改程序中相应的代码片段如下：

```
P1_1=1;
delay_nus(1560);
P1_1=0;
P1_0=1;
delay_nus(1440);
P1_0=0;
delay_nms(20);
```

运行程序，验证一下机器人运行速度是否减慢。

向后走，原地转弯和绕轴旋转

将 delay_nus 函数的参数 n 以不同的值组合就可以使机器人以不同的方式运动。例如，下面的程序片段可以使其向后走：

```
P1_1=1;
delay_nus(1300);
P1_1=0;
P1_0=1;
delay_nus(1700);
P1_0=0;
delay_nms(20);
```

下面的程序片段可以使机器人原地左转：

```
P1_1=1;
delay_nus(1300);
P1_1=0;
P1_0=1;
delay_nus(1300);
P1_0=0;
delay_nms(20);
```

下面的程序可以使机器人原地右转：

```
P1_1=1;
delay_nus(1700);
P1_1=0;
P1_0=1;
delay_nus(1700);
P1_0=0;
delay_nms(20);
```

你可以把上述命令组合到一个程序中让机器人向前走、左转、右转及向后走。

例程：ForwardLeftRightBackward.c

（1）输入、保存并运行程序 ForwardLeftRightBackward.c。

```
#include<BoeBot.h>
#include<uart.h>
int main(void)
{
    int counter;
    uart_Init();
    printf("Program Running!\n");

    for(counter=1;counter<=65;counter++)              //向前
    {
        P1_1=1;
        delay_nus(1700);
        P1_1=0;

        P1_0=1;
        delay_nus(1300);
        P1_0=0;

        delay_nms(20);
    }

    for(counter=1;counter<=26;counter++)              //向左转
    {
        P1_1=1;
        delay_nus(1300);
        P1_1=0;

        P1_0=1;
        delay_nus(1300);
        P1_0=0;

        delay_nms(20);
    }

    for(counter=1;counter<=26;counter++)              //向右转
    {
        P1_1=1;
        delay_nus(1700);
        P1_1=0;
```

```
            P1_0=1;
            delay_nus(1700);
            P1_0=0;

            delay_nms(20);
        }

        for(counter=1;counter<=65;counter++)//向后
        {
            P1_1=1;
            delay_nus(1300);
            P1_1=0;

            P1_0=1;
            delay_nus(1700);
            P1_0=0;

            delay_nms(20);
        }
        while(1);
    }
```

该你了——以一个轮子为支点旋转

你可以使机器人绕一个轮子旋转。诀窍是使一个轮子不动而另一个旋转。例如，保持左轮不动而右轮从前面顺时针旋转，机器人将以左轮为轴旋转：

```
P1_1=1;
delay_nus(1500);
P1_1=0;
P1_0=1;
delay_nus(1300);
P1_0=0;
delay_nms(20);
```

如果想使它从前面向右旋转，很简单，停止右轮，左轮从前面逆时针旋转：

```
P1_1=1;
delay_nus(1700);
P1_1=0;
P1_0=1;
delay_nus(1500);
P1_0=0;
delay_nms(20);
```

这些命令使机器人从后面向右旋转：

```
P1_1=1;
```

```
delay_nus(1300);
P1_1=0;
P1_0=1;
delay_nus(1500);
P1_0=0;
delay_nms(20);
```

最后这些命令使机器人从后面向左旋转：

```
P1_1=1;
delay_nus(1500);
P1_1=0;
P1_0=1;
delay_nus(1700);
P1_0=0;
delay_nms(20);
```

把 ForwardLeftRightBackward.c 另存为 PivotTests.c。

用刚讨论过的代码片段替代前进、左转、右转和后退相应的代码片段，通过更改每个 for 循环的循环次数来调整每个动作的运行时间，更改注释来反映每个新的旋转动作。

运行更改后的程序，验证上述旋转运动是否不同。

任务 2　匀加速/减速运动

在前面机器人运动过程中，你是否发现机器人在每次启动和停止的时候，是不是有些太快，从而导致机器人几乎要倾倒？为什么会这样呢？

回忆一下学过的物理知识，还记得牛顿第二定律和运动学知识吗？前面的程序总是直接给机器人伺服电动机输出最大速度控制命令。根据运动学知识，一个物体要从零加速到最大运动速度时，时间越短，所需加速度就越大。根据牛顿定律，加速度越大，物体所受的惯性力就越大。因此，前面的程序因为没有给机器人足够的加速时间，所以受到的惯性力就比较大，从而导致机器人在启动和停止时有一个较大的前倾力或者后坐力。要消除这种情况，就必须让机器人速度逐渐增加或逐渐减小。采用均匀加速或减速是一种比较好的速度控制策略，这样不仅可以让机器人运动得更加平稳，还可以增加机器人电动机的使用寿命。

编写匀加速运动程序

匀加速运动程序片段示例：

```
for(pulseCount=10;pulseCount<=200;pulseCount=pulseCount+1)
{
    P1_1=1;
    delay_nus(1500+pulseCount);
    P1_1=0;

    P1_0=1;
```

```
        delay_nus(1500-pulseCount);
        P1_0=0;
        delay_nms(20);
    }
```

上述 for 循环语句能使机器人的速度由停止到全速。循环每重复执行一次，变量 pulseCount 就增加 1：第一次循环时，变量 pulseCount 的值是 10，此时发给 P1_1、P1_0 的脉冲的宽度分别为 1.51ms、1.49ms；第二次循环时，变量 pulseCount 的值是 11，此时发给 P1_1、P1_0 的脉冲的宽度分别为 1.511ms、1.489ms。随着变量 pulseCount 值的增加，电动机的速度也在逐渐增加。到执行第 190 次循环时，变量 pulseCount 的值是 200，此时发给 P1_1、P1_0 的脉冲的宽度分别为 1.7ms、1.3ms，电动机全速运转。

回顾第 2 讲的任务 3，for 循环也可以由高向低计数。可以通过使用 for(pulseCount=200; pulseCount>=0;pulseCount=pulseCount-1)来实现速度的逐渐减小。下面是一个使用 for 循环实现电动机速度逐渐增加到全速，然后逐步减小的例子。

例程：StartAndStopWithRamping.c

```
#include<BoeBot.h>
#include<uart.h>
int main(void)
{
    int pulseCount;
    uart_Init();
    printf("Program Running!\n");

    for(pulseCount=10;pulseCount<=200;pulseCount=pulseCount+1)
    {
        P1_1=1;
        delay_nus(1500+pulseCount);
        P1_1=0;

        P1_0=1;
        delay_nus(1500-pulseCount);
        P1_0=0;
        delay_nms(20);
    }

    for(pulseCount=1;pulseCount<=75;pulseCount++)
    {
        P1_1=1;
        delay_nus(1700);
        P1_1=0;

        P1_0=1;
```

```
            delay_nus(1300);
            P1_0=0;
            delay_nms(20);
        }

        for(pulseCount=200;pulseCount>=0;pulseCount=pulseCount-1)
        {
            P1_1=1;
            delay_nus(1500+pulseCount);
            P1_1=0;

            P1_0=1;
            delay_nus(1500-pulseCount);
            P1_0=0;
            delay_nms(20);
        }
        while(1);
    }
```

（1）输入、保存并运行程序 StartAndStopWithRamping.c。

（2）验证机器人是否逐渐加速到全速，保持一段时间，然后逐渐减速到停止。

该你了

可以创建一个程序，将加速或减速与其他的运动结合起来。下面是一个逐渐增加速度向后走而不是向前走的例子。加速向后走与向前走的唯一不同之处在于发给 P1_1 的脉冲的宽度由 1.5ms 逐渐减小，而向前走是逐渐增加的；相应地，发给 P1_0 的脉冲的宽度由 1.5ms 逐步增加。

```
for(pulseCount=10;pulseCount<=200;pulseCount=pulseCount+1)
{
    P1_1=1;
    delay_nus(1500-pulseCount);
    P1_1=0;
    P1_0=1;
    delay_nus(1500+pulseCount);
    P1_0=0;
    delay_nms(20);
}
```

也可以通过增加程序中两个 pulseCount 的值到 1500 来创建一个在旋转中匀变速的程序。通过逐渐减小程序中两个 pulseCount 的值，可以沿另一个方向匀变速旋转。这是一个匀变速旋转四分之一周的例子。

```
for(pulseCount=1;pulseCount<=65;pulseCount++)                //匀加速向右转
{
    P1_1=1;
```

```
        delay_nus(1500+pulseCount);
        P1_1=0;
        P1_0=1;
        delay_nus(1500+pulseCount);
        P1_0=0;
        delay_nms(20);
    }
    for(pulseCount=65;pulseCount>=0;pulseCount--)                    //匀减速向右转
    {
        P1_1=1;
        delay_nus(1500+pulseCount);
        P1_1=0;
        P1_0=1;
        delay_nus(1500+pulseCount);
        P1_0=0;
        delay_nms(20);
    }
```

从任务 1 中打开 ForwardLeftRightBackward.c，另存为 ForwardLeftRightBackwardRamping.c。更改新的程序，使机器人的每个动作都能够匀加速和匀减速。

提示

你可以使用上面的代码片段和 StartAndStopWithRamping.c 程序中相似的片段。

任务 3　用函数调用简化运动程序

在后面章节中，机器人将需要执行各种运动来避开障碍物和完成其他动作。不过，无论机器人要执行何种动作，都离不开前面讨论的各种基本动作。为了各种应用程序方便使用这些基本动作程序，可以将这些基本动作放在函数中，供其他函数调用来简化程序。

C 语言提供了强大的函数定义功能。在本书第 1 讲中已经介绍过，一个 C 程序由一个主函数和若干个其他函数构成，由主函数调用其他函数，其他函数也可以相互调用。同一个函数可以被一个或多个函数调用任意多次。

实际上，为了实现复杂的程序设计，在所有的计算机高级语言中都有子程序或者子过程的概念。在 C 语言程序中，子程序的作用就是由函数来完成的。

函数

从函数定义的角度来看，函数有两种

（1）标准函数，即库函数。由开发系统提供，用户不必自己定义而直接使用，只需在程序前包含有该函数原型的头文件即可在程序中直接调用，如前面已经用到的串口标准输入（printf）和输出（scanf）函数。应该说明，不同的语言编译系统提供的库函数的数量和功能

会有一些不同，但许多基本函数是共同的。

（2）用户定义函数，以解决你的专门需要。不仅要在程序中定义函数本身，而且在主调函数模块中还必须对该被调函数进行类型说明，然后才能使用。

从有无返回值角度来看，函数又分为以下两种

（1）有返回值函数。函数被调用执行完后将向调用者返回一个执行结果，称为函数返回值。由用户定义的返回函数值的函数，必须在函数定义中明确返回值的类型。

（2）无返回值函数。此类函数用于完成某项特定的处理任务，执行完成后不向调用者返回函数值。用户在定义此类函数时可指定它的返回为“空类型”，即“void”。

从主调函数和被调函数之间数据传送的角度看，函数也可分为两种

（1）无参函数。函数定义、说明及调用中均不带参数，主调函数和被调函数之间不进行参数传送。此类函数通常用来完成一组指定的功能，可以返回或不返回函数值。

（2）有参函数。在函数定义及说明时都有参数，称为形式参数（简称形参）。在函数调用时就必须给出参数的具体值，称为实际参数（简称实参）。进行函数调用时，主调函数将把实参的值传送给形参，供被调函数使用。

第1讲就已经给出了函数定义的一般形式：

```
类型标志符　函数名(形式参数列表)
{
    声明部分
    语句
}
```

其中类型标志符和函数名称为函数头。类型标志符指明了本函数的类型，函数的类型实际上是函数返回值的类型。函数名是由用户定义的标志符，函数名后有一个圆括号（不可少写）。若函数无参数，则括号内可不写内容或写“void”；若有参数，则形式参数列表给出各种类型的变量，各参数之间用逗号间隔。

{}中的内容称为函数体。函数体中的声明部分，是对函数体内部用到的变量的类型说明。在很多情况下都不要求函数有返回值，此时函数类型符可以写为void。

main函数的返回值

前面说过，main函数是不能被其他函数调用的，它的返回值类型int是怎么回事呢？

其实不难理解，main函数执行完后，它的返回值是给操作系统的。虽然在main函数体内并没有什么语句来指出返回值的大小，但系统默认的处理方式是：当main函数成功执行时，它的返回值为1，否则为0。

现在看看下面的函数定义：

```
void Forward(void)
{
    int i;
    for(i=1;i<=65;i++)
    {
```

```
            P1_1=1;
            delay_nus(1700);
            P1_1=0;
            P1_0=1;
            delay_nus(1300);
            P1_0=0;
            delay_nms(20);
        }
    }
```

Forward 函数可以使机器人向前运动约 1.5s，该函数没有形式参数，也没有返回值。在主程序中可以调用它，让你的机器人向前运动约 1.5s。但是这个函数并没有太大的使用价值，如果想让你的机器人向前运动 2s，该怎么办呢？重新写一个函数来实现这个运动吗？当然不是！通过修改上面的函数，给它增加两个形式参数，一个是脉冲数量，另一个是速度参数。这样主程序调用时就可以按照你的要求灵活设置这些参数，从而使函数真正成为一个有用的模块。重新定义向前运动函数如下：

```
void Forward(int PulseCount，int Velocity)
/* Velocity should be between 0 and 200    */
{
    int i;
    for(i=1;i<=PulseCount;i++)
    {
        P1_1=1;
        delay_nus(1500+Velocity);
        P1_1=0;
        P1_0=1;
        delay_nus(1500-Velocity);
        P1_0=0;
        delay_nms(20);
    }
}
```

函数定义下方增加了一行注释，提醒你在调用该函数时速度参量的值必须为 0～200。

注释符

除“//”外，C 语言还提供了另一种语句注释符——“/*”和“*/”。

“/*”和“*/”必须成对使用，在它们之间的内容将被注释掉。“//”仅仅对它所在的一行起注释作用；但“/*...*/”可以对多行注释。

注释是你在学习程序设计时要养成的良好习惯。

下面是一个完整的使用向前、左转、右转和向后四个函数的例程。

例程：MovementsWithFunctions.c

输入、保存、编译、下载并运行程序 MovementsWithFunctions.c。

```
#include<BoeBot.h>
#include<uart.h>
void Forward(int PulseCount,int Velocity)
/* Velocity should be between 0 and 200    */
{
    int i;
    for(i=1;i<= PulseCount;i++)
    {
        P1_1=1;
        delay_nus(1500+ Velocity);
        P1_1=0;
        P1_0=1;
        delay_nus(1500- Velocity);
        P1_0=0;
        delay_nms(20);
    }
}
void Left(int PulseCount,int Velocity)
/* Velocity should be between 0 and 200    */
{
    int i;
    for(i=1;i<= PulseCount;i++)
    {
        P1_1=1;
        delay_nus(1500-Velocity);
        P1_1=0;
        P1_0=1;
        delay_nus(1500-Velocity);
        P1_0=0;
        delay_nms(20);
    }
}
void Right(int PulseCount,int Velocity)
/* Velocity should be between 0 and 200    */
{
    int i;
    for(i=1;i<= PulseCount;i++)
    {
        P1_1=1;
        delay_nus(1500+Velocity);
        P1_1=0;
        P1_0=1;
        delay_nus(1500+Velocity);
        P1_0=0;
```

```
            delay_nms(20);
        }
}
void Backward(int PulseCount,int Velocity)
/* Velocity should be between 0 and 200    */
{
    int i;
    for(i=1;i<= PulseCount;i++)
    {
        P1_1=1;
        delay_nus(1500-Velocity);
        P1_1=0;
        P1_0=1;
        delay_nus(1500+ Velocity);
        P1_0=0;
        delay_nms(20);
    }
}
int main(void)
{
    uart_Init();
    printf("Program Running!\n");

    Forward(65,200);
    Left(26,200);
    Right(26,200);
    Backward(65,200);
    while(1);
}
```

这个程序的运行结果与程序 ForwardLeftRightBackward.c 产生的效果是相同的。很明显，有许多方法可以编写不同程序而得到同样的结果。实际上，四个函数的具体实现部分几乎完全一样，有没有可能将这些函数进行归纳，用一个函数来实现所有这些功能呢？当然有，前面的四个函数都用了两个形式参数，一个是控制时间的脉冲个数，另一个是控制运动速度的参数，而四个函数实际上代表了四个不同的运动方向。如果能够通过参数控制运动方向，显然这四个函数就完全可以简化成为一个更为通用的函数，不仅可以涵盖以上四个基本运动，还可以使机器人朝你希望的方向运动。

由于机器人由两个轮子驱动，实际上两个轮子的不同速度组合控制着机器人的运动速度和方向，因此可以直接用两个车轮的速度作为形式参数，就可以将所有的机器人运动用一个函数来实现。

例程：MovementsWithOneFuntion.c

这个例子使你的机器人做同样动作，但是它只用了一个子函数来实现。

```
#include <BoeBot.h>
#include <uart.h>
void Move(int counter,int PC1_pulseWide,int PC0_pulseWide)
{
      int i;
      for(i=1;i<=counter;i++)
      {
            P1_1=1;
            delay_nus(PC1_pulseWide);
            P1_1=0;
            P1_0=1;
            delay_nus(PC0_pulseWide);
            P1_0=0;
            delay_nms(20);
      }
}
int main(void)
{
      uart_Init();
      printf("Program Running!\n");

      Move(65,1700,1300);
      Move(26,1300,1300);
      Move(26,1700,1700);
      Move(65,1300,1700);
      while(1);
}
```

（1）输入、保存并运行程序 MovementsWithOneFuntion.c。

（2）你的机器人是否执行了前、左、右、后运动呢？

（3）修改 MovementsWithOneFuntion.c，使机器人走一个正方形。第一边和第二边向前走，另外两个边向后走。

任务 4　用数组进一步简化函数调用

任务 3 完成的程序 MovementsWithOneFuntion.c 通过 4 次调用 Move 子函数，实现了机器人的 4 段复杂运动。如果有更复杂的运动，可以接着一直往下写。显然，随着运动段数的增加，这会显得相当啰嗦和冗长。本任务将学习将复杂的运动序列存储在数组中，然后在程序执行过程中循环依次读出数据，并用这些读出的数据作为实际参数调用运动子程序，避免了重复调用一长串子函数。这里要用到 C 语言的一种新的数据类型——数组。

将 MovementsWithOneFuntion.c 程序修改成如下。

```
#include <BoeBot.h>
#include <uart.h>
```

```
void Move(int counter,int PC1_pulseWide,int PC0_pulseWide)
{
    。。。。。。//同任务 3 一样
}
int main(void)
{
    int counter[4]={65,26,26,65};
    int PC1Pulse[4]={1700,1300,1700,1300};
    int PC0Pulse[4]={1300,1300,1700,1700};
    int index;

    uart_Init();
    printf("Program Running!\n");
    for(index=0;index<4;index++)
        Move(counter[index],PC1Pulse[index],PC0Pulse[index]);

    while(1);
}
```

为了避免冗长，将没有修改的函数省略了。

程序是如何工作的

数组

在程序设计中，为了处理方便，可以把具有相同类型的若干变量按有序的形式组织起来。这些按序排列的同类数据元素的集合称为数组。一个数组可以分解为多个数组元素，根据数组元素数据类型的不同，数组可以分为多种不同类型。数组又分为一维数组、二维数组甚至三维数组。本节只用到一维数组。一维数组的定义方式为：

类型说明符 数组名[常量表达式];

类型说明符是任一种基本数据类型。

数组名是用户定义的数组标志符。

方括号中的常量表达式表示数据元素的个数，也称为数组的长度。

所以，如下的语句就是定义了 3 个一维整型数据数组：

```
int counter[4];
int PC1Pulse[4];
int PC0Pulse[4];
```

这 3 个数组的长度都为 4，即每个数组中存放 4 个整型数据。

数组定义之后，还应该给数组的各个元素赋值。给数组赋值的方法除了用赋值语句对数组元素逐个赋值外，还可采用初始化赋值。初始化赋值的一般形式为：

类型说明符 数组名[常量表达式]={值,值,…,值};

其中，{ }中的各数据值即为各元素的初值，各值之间用逗号间隔。所以程序中的语句就定义了 3 个整型数据数组，每个数组有 4 个元素，并对这 4 个元素进行了初始化。

```
int counter[4]={65,26,26,65};
```

```
int PC1Pulse[4]={1700,1300,1700,1300};
int PC0Pulse[4]={1300,1300,1700,1700};
```

如何才能把放入数组中的元素引用出来呢？

一维数组的引用

数组元素是组成数组的基本单元。数组元素也是一种变量，其标识方法为数组名后跟一个下标，下标表示了元素在数组中的顺序号（从 0 开始计数）。数组元素的一般形式为：

数组名[下标]

其中，下标只能为整型常量或整型表达式。若为小数时，系统将自动取整。

例如：

counter[0] （第 1 个整数：65）
counter[2] （第 3 个整数：26）

用数组元素作为函数实参调用函数

数组元素作为实参与变量或者实际数据作为实参是一样的，直接将元素数据传送给函数。语句

```
Move(counter[index],PC1Pulse[index],PC0Pulse[index]);
```

用 3 个数组的元素作为实参调用运动函数，通过 4 次循环调用，所得到的执行结果就同任务 3 的程序一样。当有更多的运动段数时，只需增加数据数据的长度，并修改循环的次数同数组长度一样，就可以完成。显然这大大提高了程序的通用性。

工程素质和技能归纳

① 归纳机器人的基本巡航动作并给 C51 单片机编程实现这些基本动作。
② 用牛顿力学和运动学知识分析机器人的运动行为。
③ 采用匀变速运动改善机器人的基本运动行为。
④ 用 C 语言的函数实现机器人的基本动作、函数的定义和调用方法。
⑤ 分析机器人基本动作函数的实现特点，用一个函数定义机器人的所有行为。
⑥ 用数组来存储机器人的动作序列，用数组元素作为实参调用运动函数。

科学精神的培养

① 比较各种实现机器人基本动作程序的优缺点，以及后续程序的可扩展性。
② 查阅相关数据了解数组元素的初始化方法。
③ 既然有一维数组，就应该有两维数组、三维数组。查阅相关参考书，了解两维数组的定义和使用方法，并尝试用两维数组进一步简化任务 4 中的程序。

第 5 讲　选择结构程序设计
——机器人的触觉导航

学习背景

给机器人增加触觉传感器，就要使用单片机接口来获取触觉信息。实际上，任何一个自动化系统（不仅仅是机器人）都是由传感器获取外界信息，通过接口传入计算机（或者单片机），由计算机或单片机根据反馈信息进行计算和决策，生成控制命令，然后通过输出接口去控制系统相应的执行机构，完成系统所要完成的任务。控制过程的核心就是决策。最简单的决策就是条件逻辑，即在不同的条件下采取不同的动作。条件逻辑转换成计算机语言的逻辑结构，就是选择结构。本讲就通过机器人触觉导航项目实践来了解和掌握 C 语言选择结构程序设计的语法和使用方法。

简单的触觉实际上就是一个开关，既可以用开关接通表示接触到物体，也可以用开关断开表示接触到物体，要看开关如何安装和设计。开关在日常生活和工业生产中的重要性不言而喻。本讲在机器人前端安装并测试一个称为胡须的触觉开关，对 C51 单片机编程来监视触觉开关的状态，根据开关状态决定机器人如何动作。最终结果是通过触觉为机器人自动导航。

触觉导航与单片机输入接口

在第 3 讲一开始就介绍了 C51 系列单片机有 4 个 8 位的并行 I/O 接口：P0、P1、P2 和 P3。这 4 个接口既可以作为输入，也可以作为输出，既可按 8 位处理，也可按位方式使用。

实际上，当单片机启动或复位时，所有 I/O 引脚默认为输入。也就是说，如果将机器人的胡须连接到单片机某个 I/O 引脚时，该引脚会自动作为输入。作为输入时，如果 I/O 脚上的电压为 5V，则其相对应的 I/O 口寄存器中的相应位存储 1；如果电压为 0V，则存储 0。

布置恰当的电路可以让胡须达到上述效果：当胡须没有被碰到时，使 I/O 引脚上的电压为 5V；当胡须被碰到时，则使 I/O 引脚上的电压为 0V。然后，单片机就可以读入相应数据，判断触须的状态，然后进行分析、处理，并控制机器人的运动。

任务 1　安装并测试机器人胡须

编程让机器人通过触觉胡须导航之前，必须首先安装并测试胡须。如图 5-1 所示是安装机器人触觉胡须所需的硬件元件清单，包括：

① 金属丝（触须），2 根。

② 平头 M3×5 盘头螺钉，2 个。

③ 13mm 铜螺柱，2 个。

④ M3 尼龙垫圈，2 个。

⑤ 3-pin 公-公接头，2 个。

⑥ 220Ω电阻，2 个。

⑦ 10kΩ电阻，2 个。

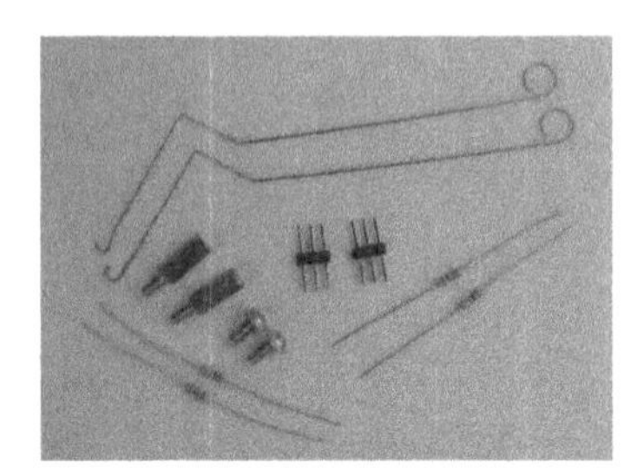

图 5-1　胡须硬件

安装胡须

（1）拆掉连接主板到前支架的两颗螺钉。

（2）参考图 5-2，进行下面的操作。

（3）23mm 铜螺柱穿过主板上的圆孔，拧进主板下面的螺柱中，拧紧。

（4）两个螺钉依次穿过 M3 尼龙垫圈拧进铜螺柱中。

（5）把须状金属丝的其中一个勾在尼龙垫圈之上，另一个勾在尼龙垫圈之下，调整它们的位置使它们横向交叉但又不接触。

（6）拧紧螺钉到铜螺柱上。

（7）参考接线图 5-3，搭建胡须电路。

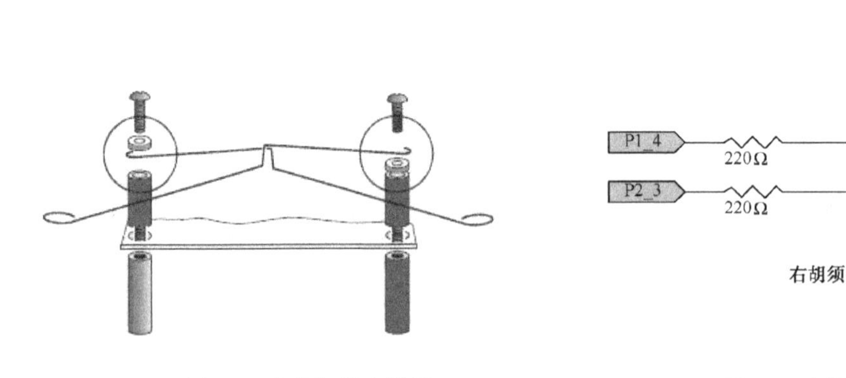

图 5-2　安装机器人胡须

图 5-3　胡须电路示意图

注意

右边胡须状态信息输入是通过 P2 口的第 3 脚完成的，左边胡须状态信息输入是通过 P1 接口的第 4 引脚完成的。

确定两条胡须比较靠近但又不接触面包板上的 3Pin 头，推荐保持 3mm 的距离。

图 5-4 是实际的参考接线图。

安装好触觉胡须的机器人，如图 5-5 所示。

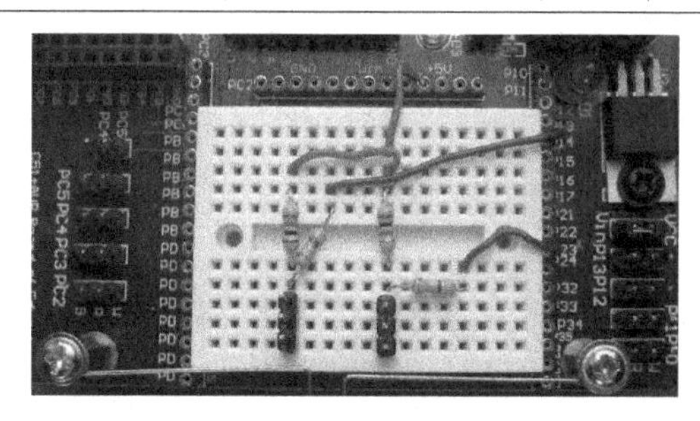

图 5-4　教学底板上胡须接线图

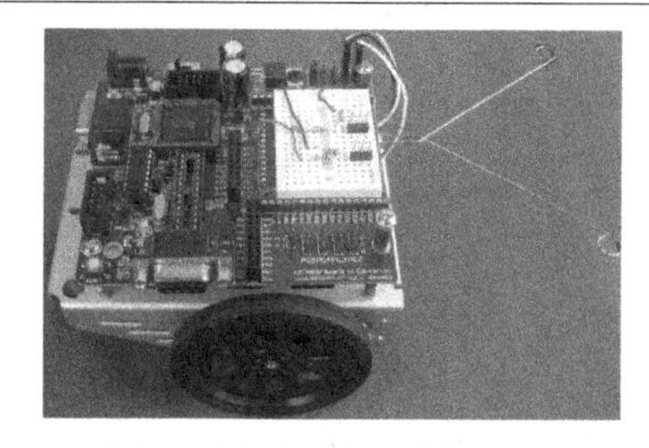

图 5-5　安装好触须的机器人

测试胡须

观察一下如图 5-3 所示的胡须电路示意图，显然每条胡须都是一个机械式的、接地常开的开关。胡须接地（GND）是因为教学板外围的镀金孔都连接到 GND。铜螺柱和螺钉给胡须提供电气连接。

通过编程可让单片机探测什么时候胡须被触动接到 3Pin 接头上。由图 5-3 可知，连接到每个胡须电路的 I/O 引脚监视着 10kΩ上拉电阻上的电压变化。当胡须没有被触动时，连接胡须的 I/O 引脚的电压是 5V；当胡须被触动时，I/O 短接到地，所以 I/O 引脚的电压是 0V。

上拉电阻

上拉电阻就是与电源相连，并起到拉高电平作用的电阻。此电阻还起到限流的作用，图 5-3 中的 10kΩ电阻即上拉电阻。

其实，在第 3 讲单灯闪烁控制任务中就用到了上拉电阻，之所以要用上拉电阻是因为 AT89S52 的 I/O 口驱动能力不够强，不能使 LED 点亮。

与之对应的还有“下拉电阻”，它与“地（GND）”相连，可把电平拉至低位。

例程：TestWhiskers.c

```
#include<BoeBot.h>
#include<uart.h>
int P1_4state(void)//获取 P1_4 的状态
{
    return (P1&0x10)?1:0;
}
int P2_3state(void)//获取 P2_3 的状态
{
    return (P2&0x08)?1:0;
}
int main(void)
{
```

```
        uart_Init();
        printf("WHISKER STARTES\n");
        while(1)
        {
            printf("右边胡须的状态:%d ",P2_3state());
            printf("左边胡须的状态:%d\n",P1_4state());
            delay_nms(150);
        }
    }
```

上面的例程用来测试胡须的功能是否正常。

首先，定义了两个无参数有返回值子函数 int P1_4state(void)和 int P2_3state(void)来获取左右两个胡须的状态。要理解这两个函数，你需要学习新的 C 语言知识。

在前几讲的学习中已经知道，C 语言有三大运算符：算术、关系与逻辑、位操作，并且学习了算术运算符中的加、减、乘、除及自增自减等。下面将学习运算符中的**位操作符**。

位操作符

位操作符用于对字节或字中的位（bit）进行测试、置位或移位处理，这里的字节或字是针对 C 语言标准的 char 和 int 数据类型而言的。位操作符不能用于实型、空类型或其他复杂类型。表 5-1 给出了位操作的位操作符。

表 5-1　位操作的操作符

位操作符	含　义
&	与
|	或
^	异或
~	补
>>	右移
<<	左移

这里主要介绍与运算符“&”。

与运算符“&”的功能是参与运算的两数各对应的二进位相与。只有对应的两个二进位均为 1 时，结果位才为 1，否则为 0，如 9 和 5 的与运算：

```
 0000 1001     （9 的二进制）
&0000 0101     （5 的二进制）
=0000 0001     （结果为 1）
```

单片机 AT89S52 的 4 个接口 P0、P1、P2 和 P3（每个接口有 8 位，对应 8 个引脚的状态寄存器）是可以按位来操作的，从低到高依次定义为第 0 口，第 1 口，……，第 7 口，书写分别为 PX.0，PX.1，……，PX.7（X 取 0～3）。

下面来看看 P1&0x10 与 P2&0x08 分别有什么含义。

P1	P1.7	P1.6	P1.5	P1.4	P1.3	P1.2	P1.1	P1.0
0x10	0	0	0	1	0	0	0	0

P2	P2.7	P2.6	P2.5	P2.4	P2.3	P2.2	P2.1	P2.0
0x08	0	0	0	0	1	0	0	0

这样，P1&0x10 和 P2&0x08 分别提取了 P1.4 和 P2.3 的值，屏蔽掉了其他位。因为其他位都是与 0 进行与操作，无论值如何，结果都是 0。

注意

上面提到的 P0、P1、P2 和 P3 指的并不是物理上的接口，而是这 4 个接口对应的特殊功能寄存器 P0、P1、P2 和 P3，在应用时直接使用这些符号就代表这些特殊功能寄存器。**特殊功能寄存器（SFR）**也称为专用寄存器，专门用来控制和管理单片机内的算术逻辑部件、并行 I/O 接口等片内资源。在使用时可以给其设定值，如前面利用 P1 口控制伺服电动机，也可以直接利用这些寄存器进行运算。

if 语句

if 语句根据给定的条件进行判断，以决定执行某个分支程序段。if 语句的基本形式为：

```
if(表达式)
    语句 1;
else
    语句 2;
```

其语义是，如果表达式的值为真，则执行语句 1，否则执行语句 2。

操作符?

C 语言提供了一个可以代替某些“if-else”语句的简便易用的操作符“?”。该操作符是三元的，其一般形式为：

```
表达式 1?表达式 2:表达式 3
```

它的执行过程如下：先求解表达式 1，如果为真（非 0），则求解表达式 2，并把表达式 2 的结果作为整个条件表达式的值；　如果表达式 1 的值为假（0），则求解表达式 3，并把表达式 3 的值作为整个条件表达式的值。

(P1&0x10)?1:0 的意思就是先将 P1 寄存器的内容同 0x10 按位进行“与”运算，如果结果非 0，则整个表达式的取值就为 1；如果结果为 0，则整个表达式的值为 0。实际上，整个语句

```
return   (P1&0x10)?1:0;
```

相当于如下条件判断语句：

```
if (P1&0x10)
    return 1;
else
    return 0;
```

在搞清楚整个程序的执行原理后，按照下面的步骤实际执行程序，对触觉胡须进行测试。

（1）接通教学板和伺服电动机的电源。

（2）输入、保存并运行程序 TestWhiskers.c。

（3）这个例程要用到调试终端，所以当程序运行时要确保串口电缆已连接好。

（4）检查图 5-3 所示电路，弄清楚哪条胡须是左胡须，哪条是右胡须。

（5）注意调试终端的显示值，此时显示为：“右边胡须的状态:1 左边胡须的状态:1”，如图 5-6 所示。

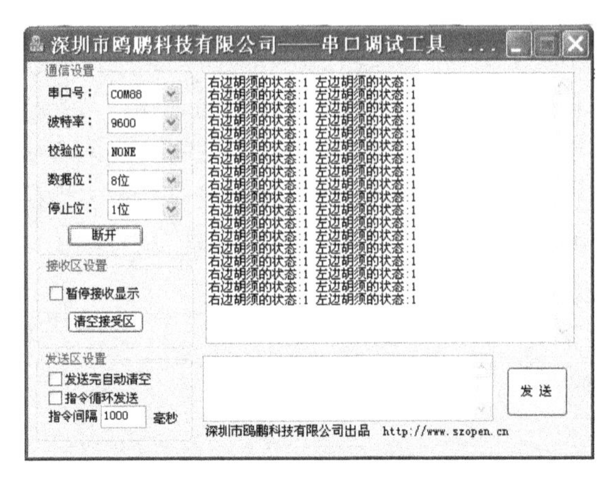

图 5-6　左右胡须均未碰到

（6）按下右胡须，使其接触到3Pin转接头上，显示为“右边胡须的状态:0 左边胡须的状态:1”，如图5-7所示。

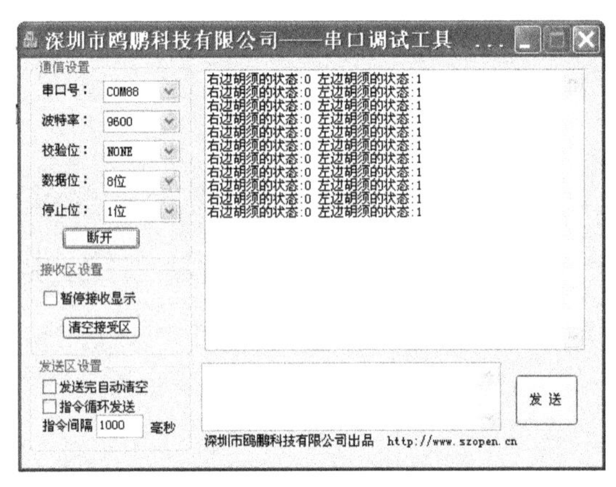

图 5-7　右胡须碰到

（7）把左胡须接到3Pin转接头上，显示为：“右边胡须的状态:1 左边胡须的状态:0”，如图5-8所示。

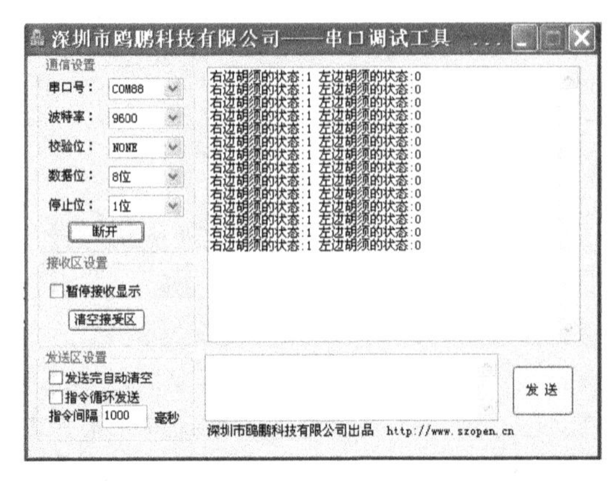

图 5-8　左胡须碰到

（8）同时把两个胡须接到各自的 3Pin 转接头上，显示为“右边胡须的状态:0 左边胡须的状态:0”，如图 5-9 所示。

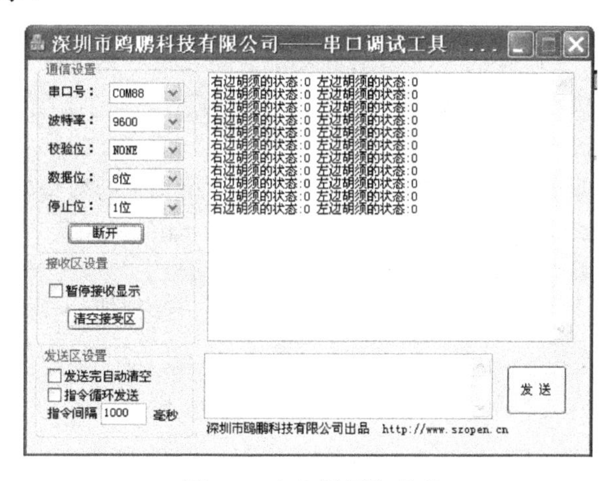

图 5-9　左右胡须均碰到

（9）如果两个胡须都通过测试，你可以继续下面的内容；否则检查程序或电路中存在的错误。

任务 2　通过胡须导航

任务 1 中已经通过编程检测胡须是否被触动。本任务利用这些信息对机器人进行导航。

机器人行走时，如果有胡须被触动，那就意味着碰到了什么。导航程序需要接收这些输入信息，判断它的意义，调用一系列使机器人朝不同方向行走的动作子函数，以避开障碍物。

编程使机器人基于胡须导航

下面的程序让机器人向前走直到碰到障碍物，然后用它的一根或者两根胡须探测障碍物。一旦胡须探测到障碍物，调用第 4 讲中的导航子函数使机器人倒退或者旋转，再重新向前行走，直到遇到另一个障碍物。

为了实现这些功能，需要编程让机器人来做出选择，此时要用到 if 语句的标准形式，即 if-else-if 形式，它可以进行多分支选择，其一般形式为：

```
if(表达式 1)
    语句 1;
else if(表达式 2)
    语句 2;
else if(表达式 3)
    语句 3;
…
else if(表达式 n−1)
```

```
        语句 n-1;
    else
        语句 n;
```

其语义为，依次判断表达式的值，当出现某个值为真时，则执行其对应的语句，然后跳到整个 if 语句之外继续执行程序；如果所有的表达式均为假，则执行语句 *n*，然后继续执行后续程序。

下面的代码段基于胡须的输入做出选择，然后调用相关子函数使机器人采取行动，子函数同在第 4 讲里用到的基本一样。

```
if((P1_4state()==0)&&(P2_3state()==0))
                              //*两个胡须同时检测到障碍物时，后退，再向左转 180°
{
    Back_Up();
    Turn_Left();
    Turn_Left();
}
else if(P2_3state()==0)       //右边胡须检测到障碍物时，后退，再向左转 90°
{
    Back_Up();
    Left_Turn();
}
else if(P1_4state()==0)       //左边胡须检测到障碍物时，后退，再向右转 90°
{
    Back_Up();
    Right_Turn ();
}
else                          //没有胡须检测到障碍物时，向前走
    Forward();
```

关系与逻辑运算符

"关系"二字指的是一个值与另一个值之间的关系；"逻辑"二字指的是连接关系的方式。因为关系和逻辑运算符常在一起使用，所以将它们放在一起讨论。

表 5-2　关系与逻辑运算符

关系运算符与逻辑运算符	含　义
>	大于
>=	大于等于
<	小于
<=	小于等于
==	等于
!=	不等于
&&	与
||	或
!	非

关系与逻辑运算符概念中的关键是 True（真）和 Flase（假）。

C 语言中，非 0 为 True；0 为 Flase。使用关系与逻辑运算符的表达式对 Flase 和 True 分别返回值 0 和 1。表 5-2 给出了常用的关系与逻辑运算符。

关系运算实际上是比较运算：将两个值进行比较，判断其比较的结果是否符合给定的条件。例如，a>4 是一个关系表达式，">"是一个关系运算符。如果 a 的值为 6，则满足给定的 a>4 的条件，因此关系表达式的值为"真"；如果 a 的值为 2，

则不满足“a>4”的条件，则称关系表达式的值为“假”。

“P1_4state()==0;”调用右触须状态检测函数 P1_4state()，将其返回值与 0 进行比较：如果返回值为 0，则关系表达式为“真”；否则为“假”。

同样，“P2_3state()==0;”调用左触须状态检测函数 P2_3state()，将其返回值与 0 进行比较：如果返回值为 0，则关系表达式为“真”；否则为“假”。

赋值运算符“=”与关系运算符“==”

赋值运算符“=”用来给变量赋值；关系运算符“==”判断两个值是否是相等的关系。

“&&”逻辑“与”运算符相当于 BASIC 语言中的 AND 运算符。回顾一下逻辑与的运算规则：

A&&B　　　若 A、B 为真，则 A&&B 为真。

注意

区分位操作符“&”和逻辑运算符“&&”。

在 if((P1_4state()==0)&&(P2_3state()==0))中，将两个比较关系表达式用括号括起来，表示先进行比较运算，再将两个运算结果进行逻辑与运算。因此，该语句的工作原理是：只有当两根胡须都被压下时，该 if 语句的条件才为“真”，然后才执行紧接它后面的花括号中的语句，否则跳到后面的 else if 语句。

两个 else if 语句中都只有一个关系表达式，当比较关系为真时，直接执行紧接其后的花括号中的内容；如果两个 else if 语句都为“假”，则跳到后面的 else 语句，直接执行其后的语句（或者花括号中的内容，因为这里只有一条语句，所以省略了花括号）。

例程：RoamingWithWhiskers.c

这个程序示范了一种利用 if 语句测试胡须的输入并决定调用哪个导航子程序的方法。

（1）打开主板和伺服电动机的电源。

（2）输入、保存并运行程序 RoamingWithWhiskers.c。

（3）尝试让机器人行走，当在其路线上遇到障碍物时，它将后退、旋转并转向另一个方向。

```
#include<BoeBot.h>
#include<uart.h>
int P1_4state(void)
{
    return (P1&0x10)?1:0;
}
int P2_3state(void)
{
    return (P2&0x08)?1:0;
}
void Forward(void)
```

```
{
    P1_1=1;
    delay_nus(1700);
    P1_1=0;
    P1_0=1;
    delay_nus(1300);
    P1_0=0;
    delay_nms(20);
}
void Left_Turn(void)
{
    int i;
    for(i=1;i<=26;i++)
    {
        P1_1=1;
        delay_nus(1300);
        P1_1=0;
        P1_0=1;
        delay_nus(1300);
        P1_0=0;
        delay_nms(20);
    }
}
void Right_Turn(void)
{
    int i;
    for(i=1;i<=26;i++)
    {
        P1_1=1;
        delay_nus(1700);
        P1_1=0;
        P1_0=1;
        delay_nus(1700);
        P1_0=0;
        delay_nms(20);
    }
}
void Backward(void)
{
    int i;
    for(i=1;i<=65;i++)
    {
        P1_1=1;
        delay_nus(1300);
```

```
            P1_1=0;
            P1_0=1;
            delay_nus(1700);
            P1_0=0;
            delay_nms(20);
        }
}
int main(void)
{
        uart_Init();
        printf("Program Running!\n");

        while(1)
        {
            if((P1_4state()==0)&&(P2_3state()==0))          //两胡须同时碰到
            {
                Backward();                                 //向后
                Left_Turn();                                //向左
                Left_Turn();                                //向左
            }
            else if(P2_3state()==0)                         //右胡须碰到
            {
                Backward();                                 //向后
                Left_Turn();                                //向左
            }
            else if(P1_4state()==0)                         //左胡须碰到
            {
                Backward();                                 //向后
                Right_Turn();                               //向右
            }
            else                                            //胡须没有碰到
                Forward();                                  //向前
        }
}
```

胡须导航机器人怎样行走

主程序中的语句首先检查胡须的状态。如果两个胡须都触动了，即 P1_4state()和 P2_3state()都为 0，调用 Backward()，紧接着调用 Left_Turn()两次；如果只是右胡须被触动，即只有 P2_3state()==0，程序调用 Backward()，再调用 Left_Turn ()；如果左胡须被触动，即只有 P1_4state()==0，程序调用 Backward()，再调用 Right _Turn()；如果两个胡须都没有触动，则在 else 中调用 Forward()语句。

函数 Left_Turn()、Right_Turn()及 Backward()看起来应该相当熟悉，但是函数 Forward()

有一个变动。它只发送一个脉冲，然后返回。这点相当重要，因为机器人可以在向前行走中的每两个脉冲之间检查胡须的状态。这就意味着，机器人在向前行走的过程中，每秒检查触须状态大概43次（1000ms/23ms≈43）。

因为每个全速前进的脉冲都使得机器人前进大约0.5cm。只发送一个脉冲，然后回去检查胡须的状态是一个好主意。每次程序从Forward()返回后，程序再次从while循环的开始处执行，此时if...else语句会再次检查胡须的状态。

该你了

（1）调整Left_Turn()和Right_Turn()中for循环的循环次数，增加或减少电动机的转角。

（2）在空间比较狭小的地方，调整Backward()中for循环的循环次数来减少后退的距离。

任务3 机器人进入死区后的人工智能决策

当机器人进入墙角时，可能会碰到这样的情况：首先左胡须触墙，于是它倒退，右转，再向前行走，这时右胡须触墙，于是再倒退，左转，前进，又碰到左墙，再次碰到右墙……此时，机器人就会一直困在墙角里而出不来。

编程逃离墙角死区

你可以修改RoamingWithWhiskers.c，来让机器人碰到上述问题时逃离死区。技巧是记下胡须交替触动的总次数。技巧的关键是程序必须记住每个胡须的前一次触动状态，并与当前触动状态对比。如果状态相反，就在交替总数上加1。如果这个交替总数超过了程序中预先给定的阈值，那么就该做一个“U”形转弯，并且把胡须交替计数器复位。

这个编程技巧的实现依赖于if...else嵌套语句。换句话说，程序检查一种条件，如果该条件成立（条件为真），则检查包含于这个条件之内的另一个条件。下面是用伪代码说明条件嵌套语句的用法。

```
if (condition1)
{
    commands for condition1
    if(condition2)
    {
        commands for both condition2 and condition1
    }
    else
    {
        commands for condition1 but not condition2
    }
}
else
{
```

```
    commands for not condition1
}
```

伪代码通常用来描述不依赖于计算机语言的算法。实际上在前面几讲的任务和小结中已经多次提醒和暗示你，无论哪种计算机语言都必须能够描述人类知识的逻辑结构。而人类知识的逻辑结构是统一的，如条件判断就是人类知识最核心的逻辑之一。因此，各种计算机语言都有语法和关键词来实现条件判别。在写条件判断算法时，经常用一种用于描述人类知识结构逻辑的伪代码来描述在计算机中如何实现这些逻辑算法，以使算法具有通用性。有了伪代码，用具体的语言来实现算法就很简单了。

下面是一个包含 if...else 嵌套语句的 C 语言例程，用于探测连续的、交替出现的胡须触动过程。

例程：EscapingCorners.c

这个程序使机器人在第 4 次或第 5 次交替探测到墙角后，完成一个“U”形的拐弯，次数依赖于哪一个胡须先被触动。

（1）输入、保存并运行程序 EscapingCorners.c。

（2）在机器人行走时，轮流触动它的胡须，测试该程序。

```
#include<BoeBot.h>
#include<uart.h>
int P1_4state(void)
{
    return (P1&0x10)?1:0;
}
int P2_3state(void)
{
    return (P2&0x08)?1:0;
}
void Forward(void)
{
    P1_1=1;
    delay_nus(1700);
    P1_1=0;
    P1_0=1;
    delay_nus(1300);
    P1_0=0;
    delay_nms(20);
}
void Left_Turn(void)
{
    int i;
    for(i=1;i<=26;i++)
    {
```

```
            P1_1=1;
            delay_nus(1300);
            P1_1=0;
            P1_0=1;
            delay_nus(1300);
            P1_0=0;
            delay_nms(20);
        }
}
void Right_Turn(void)
{
        int i;
        for(i=1;i<=26;i++)
        {
            P1_1=1;
            delay_nus(1700);
            P1_1=0;
            P1_0=1;
            delay_nus(1700);
            P1_0=0;
            delay_nms(20);
        }
}
void Backward(void)
{
        int i;
        for(i=1;i<=65;i++)
        {
            P1_1=1;
            delay_nus(1300);
            P1_1=0;
            P1_0=1;
            delay_nus(1700);
            P1_0=0;
            delay_nms(20);
        }
}
int main(void)
{
        int counter=1;                                    //胡须碰撞总次数
        int old2=1;                                       //右胡须旧状态
        int old3=0;                                       //左胡须旧状态

        uart_Init();
```

```
    printf("Program Running!\n");

    while(1)
    {
        if(P1_4state()!=P2_3state())
        {
            if((old2!=P1_4state())&&(old3!=P2_3state()))
            {
                counter=counter+1;
                old2=P1_4state();
                old3=P2_3state();
                if(counter>4)
                {
                    counter=1;
                    Backward();                    //向后
                    Left_Turn();                   //向左
                    Left_Turn();                   //向左
                }
            }
            else
                counter=1;
        }
        if((P1_4state()==0)&&(P2_3state()==0))
        {
            Backward();                            //向后
            Left_Turn();                           //向左
            Left_Turn();                           //向左
        }
        else if(P2_3state()==0)
        {
            Backward();                            //向后
            Left_Turn();                           //向左
        }
        else if(P1_4state()==0)
        {
            Backward();                            //向后
            Right_Turn();                          //向右
        }
        else
            Forward();                             //向前
    }
}
```

EscapingCorners.c 是如何工作的

由于该程序是经 RoamingWithWhiskers.c 修改而来的，下面只讨论与探测和逃离墙角相关的新特征。

```
int counter=1;
int old2=1;
int old3=0;
```

三个特别的变量用于探测墙角。int 型变量 counter 用来存储交替探测的次数。例程中，设定的交替探测的最大值为 4。int 型变量 old2、old3 存储胡须旧的状态值。

程序赋 counter 初值为 1，当机器人卡在墙角，此值累计到 4 时，counter 复位为 1。old2 和 old3 必须赋值，以至于看起来好像两根胡须的其中一根在程序开始之前被触动了。这些工作之所以必须做，是因为探测墙角的程序总是对比交替触动的部分，或者 P1_4state()==0，或者 P2_3state()==0。与之对应，old2 和 old3 的值也相互不同。

现在看探测连续而交替触动墙角的部分。

首先要检查的是，是否有且只有一根胡须被触动。简单的方法就是询问“是否 P1_4state() 不等于 P2_3state()”。其具体判断语句如下：

```
if(P1_4state()!=P2_3state())
```

假如真有胡须被触动，接下来要做的事情就是检查当前状态是否确实与上次不同。换句话说，是 old2 不等于 P1_4state()和 old3 不等于 P2_3state()吗？如果是，就在胡须触动计数器上加 1，同时记下当前的状态，设置 old2 等于当前的 P1_4state()，old3 等于当前的 P2_3state()。

```
if((old2!=P1_4state())&&(old3!=P2_3state()))
{
    counter=counter+1;
    old2=P1_4state();
    old3=P2_3state();
}
```

如果发现胡须连续 4 次被触动，那么计数值置 1，并且进行“U”形拐弯。

```
if(counter>4)
{
    counter=1;
    Backward();
    Left_Turn();
    Left_Turn();
}
```

紧接的 else 语句是机器人没有陷入墙角情况，故需要将计数器值置 1。之后的程序与 RoamingWithWhiskers.c 中的一样。

该你了

（1）尝试增加变量 counter 的数值为 5 和 6，注意结果。

（2）尝试减小变量 counter 的数值，观察机器人在正常行走过程中是否有任何不同。

任务 4　机器人行进过程中的碰撞保护程序

工厂里的 AGV 在沿固定路径行进的过程中，如果碰到路径上面有障碍，就会自动停下，鸣叫提醒。当障碍物不在了，AGV 可以继续沿着原有的轨道前进。

本任务让触须机器人沿着一个固定的路径行走，模拟 AGV 的工作过程，当前进过程中碰到障碍物时，停下，不做避障运动。而当障碍物移开时，它可以继续前面的运动。

要实现这个功能，需要编写一个运动函数，该运动函数在执行运动之前，先检查机器人的触须状态，如果有任何一个触须检测到碰撞，不执行后面的运动指令，等待。一旦触须没有检测到碰撞，则继续后面的运动执行指令。

要实现以上功能，需要用到 C 语言循环控制中的 continue 语句。

continue 语句

其一半形式为

```
continue;
```

其作用是结束本次循环，即跳过循环体中下面尚未执行的语句，接着进行下一次是否执行循环的判定。

利用 continue 语句编写的机器人运动函数如下：

```
void MoveWithProtect(int counter,int PC1_pulseWide,int PC0_pulseWide)
{
    int i=0;
    while(i<counter)
    {
        if((P1_4state()==0)||(P2_3state()==0)) continue;

        P1_1=1;
            delay_nus(PC1_pulseWide);
             P1_1=0;
             P1_0=1;
             delay_nus(PC0_pulseWide);
             P1_0=0;
             delay_nms(20);
            i++;
    }

}
```

该函数先定义了一个变量 i，然后利用 while 循环代替了第 4 讲 Move 函数中的 for 循环。在循环内，先判断是否有任何一个触须碰到物体，如果有，就执行 continue 语句，此时直接判断 i 是否小于 counter。因为此次循环 i 没有改变，所以条件一直成立，继续执行下一次循环。下一次循环时还是先判断触须状态，如果还有碰撞，仍然跳过下面的语句，直接判断。

这样相当于程序一直在判断触须状态，等待，直到没有任何触须碰到，执行下面的运动执行语句，执行完后，让i自动加1，再判断是否执行完相应的运动步数。以上过程直到函数执行完所有的运动步数，才结束循环，返回。

该你了

将以上函数与第四讲的任务4结合，看看机器人在走一个固定轨迹的过程中，如果有触须碰到，机器人是否能够停下来？

工程素质和技能归纳

① 接触型传感器作为输入反馈与C51单片机的编程实现。

② C51单片机并行I/O接口的特殊功能寄存器的概念和使用。

③ C语言条件判断语句的使用。

④ C语言各种运算符的使用，包括位运算符、关系运算符、逻辑运算符及操作符?等。

a) C语言提供6种关系运算符：<(小于)，<=(小于等于)，>（大于)，>=（大于等于)，==（等于）和！=（不等于)。

b) “关系运算”实际上是“比较运算”。将两个值按照给定的关系运算符进行比较，看看结果是否符合给定的关系条件。如果满足，则关系表达式的值为“真”(即条件满足)；如果不满足，则称关系表达式的值为“假”。例如关系表达式主要用在if语句中。

c) 关于优先次序，前4种运算符（<，<=，>，>=）的优先级别相同，后2种也相同。前4种高于后2种。另外，关系运算符的优先级低于算术运算符，但高于赋值运算符。

d) 用关系运算符将两个表达式（可以是算数表达式或者关系表达式、逻辑表达式、赋值表达式、字符表达式）连接起来的式子，称关系表达式。

e) 关系表达式的值是一个逻辑值，即“真”或“假”。例如，关系表达式“5==4”的值为“假”，“2>=0”的值为“真”。C语言中没有逻辑型数据（C++有），在逻辑运算中，C语言以“1”代表“真”，以“0”代表“假”。例如，若a=5；b=4，c=1，则：

i. 关系表达式“a>b”的值为“真”，表达式的值为1。

ii. 关系表达式“(a>b)==c”的值为“真”（因为a>b的值为1，等于c的值)，表达式的值为1。

iii. 关系表达式“b+c<a”的值为“假”，表达式的值为0。

iv. 如有赋值表达式d=a>b，则d的值为1。

v. 如有赋值表达式f=a>b>c，则f的值为0。

f) 用逻辑运算符将关系表达式或逻辑量连接起来的式子就是逻辑表达式。C语言提供3种逻辑运算符：逻辑与&&，逻辑或||和逻辑非！。逻辑与和逻辑或是双

目（元）运算符，要求有两个运算量（或叫操作数），而逻辑非是一目（元）运算符，只要求有一个运算量。

g) 在一个逻辑表达式中如果有多个逻辑运算符，甚至还有关系运算符和算术运算时，按照以下的优先次序：
   i. 逻辑非的优先级最高，逻辑与次之，逻辑或最低。
   ii. 逻辑与和逻辑或低于关系运算符，逻辑非高于算术运算符，即按照优先级从高到低的顺序是逻辑非高于算术运算符，算术运算符高于关系运算符，关系运算符高于逻辑与和逻辑或，逻辑与和逻辑或高于赋值运算符。因此，“(a>b)&&(x>y)”可写成“a>b&&x>y”，“(a==b)||(x==y)”可写成“a==b||x==y”，“(!a)||(a>b)可写成!a||a>b”。

h) C 语言中，逻辑表达式的值是一个逻辑量“真”或“假”，在编译时以 1 代表“真”，0 代表“假”。但在判断一个量是否为“真”时，以 0 代表“假”，非 0 代表“真”，即将一个非零的数值都认作为“真”。例如：
   i. 若 a=4，则!a 的值为 0。
   ii. 若 a=5，b=10，则 a&&b 的值为 1。
   iii. 5&&0||3 的值为 1。

i） 实际上，逻辑运算符两侧的运算对象不但可以是 0 和 1，或者是 0 和非 0 的整数，也可以是字符型、实型或者指针型等。系统最终以 0 和非 0 来判断它们属于“真”或者“假”。

⑤ 机器人的触觉导航策略的实现。

⑥ 条件判断语句的嵌套与机器人的人工智能决策等。

⑦ 循环内 continue 语句的使用。

科学精神的培养

① 请思考 C51 单片机的并行 I/O 接口为何不可以直接进行输入和输出操作。

② 除了本讲用到的&外，还有哪几种位运算符?请查找相关资料，将这些位运算符找出来，并进行小结。

③ C 语言的条件判断语句与 BASIC 的条件判断语句相比，感觉哪种用起来比较简单？

第 6 讲　选择结构程序设计
——机器人红外导航

学习背景

基于“瞎子摸象”的触觉传感器是机器人在运动过程中避免碰撞的最后一道保护。为了让机器人能够像人一样在碰到障碍物之前就能发现并避开它，需要用到非接触检测传感器，比如视觉摄像头。在小型的机器人制作中，采用摄像头视觉显然是一个比较复杂且成本昂贵的选择。有没有更简单、更经济的办法呢？当然有。现在许多遥控装置和 PDA 都使用频率低于可见光的红外线进行通信和测量，而机器人则可以使用这种红外线进行导航。本讲就使用这些价格非常便宜且应用广泛的部件，让机器人的单片机可以收发红外光信号，从而实现机器人的红外线导航。

通过机器人红外线导航项目，可以进一步掌握和理解选择结构程序设计技术。

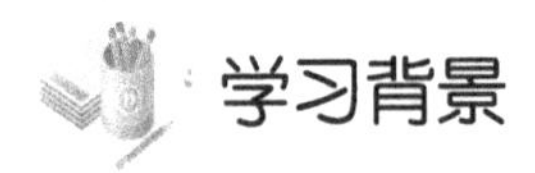

使用红外线发射和接收器件探测道路

第 5 讲的触须接触导航是依靠接触变形来探测物体的，而在许多情况下，希望不必接触物体就能探测到物体。许多机器人使用雷达（RADAR）或者声纳（SONAR）来探测物体而不需要同物体接触。本讲的方法是使用红外光来照射机器人前进的路线，然后确定何时有光线从被探测目标反射回来，通过检测反射回来的红外光就可以确定前方是否有物体。由于红外遥控技术的发展，现在红外线发射器和接收器已经很普及并且价格很便宜。这对于机器人爱好者而言是一个好消息。不过如何使用，我们还需要花时间来学习和掌握。

红外前灯

在机器人上建立的红外光探测物体系统在许多方面就像汽车的前灯系统。当汽车前灯射出的光从障碍物体反射回来时，人的眼睛就发现了障碍物体，然后大脑处理这些信息，并据此控制身体动作驾驶汽车。机器人使用红外线二极管 LED 作为前灯，如图 6-1 所示。

红外线二极管发射红外光线，如果机器人前面有障碍物，红外线从物体反射回来，相当于机器人眼睛的红外检测（接收）器，检测到反射回的红外光线，并发出信号来表明检测到从物体反射回红外线。机器人的大脑——单片机 AT89S52 基于这个传感器的输入控制伺服电动机。

红外线（IR）接收/检测器有内置的光滤波器，除了需要检测的 980nm 波长的红外线外，它几乎不允许其他光通过。红外检测器还有一个电子滤波器，它只允许大约 38.5kHz 的电信号通过。换句话说，检测器只寻找每秒闪烁 38500 次的红外光。这就防止了普通光源像太阳光和室内光对 IR 的干涉。太阳光是直流干涉（0Hz）源，而室内光依赖于所在区域的主电源，闪烁频率接近 100Hz 或 120Hz。由于 120 Hz 在电子滤波器的 38.5kHz 通带频率之外，它完全被 IR 探测器忽略。

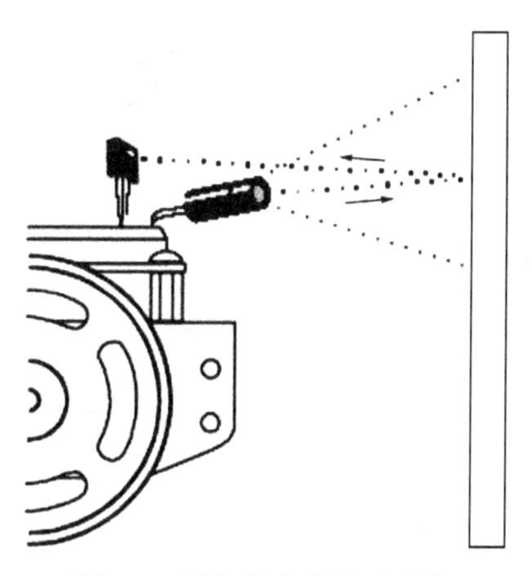

图 6-1　用红外光探测障碍物

任务 1　搭建并测试 IR 发射和探测器对

本任务将搭建并测试红外线发射和检测器对。本讲需要用到的新部件如图 6-2 所示。

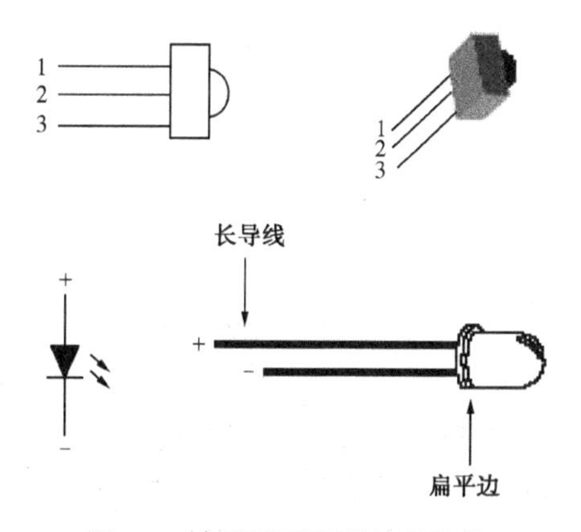

图 6-2　本讲需要用到的新部件

元件清单

（1）红外检测器，2 个。
（2）IR LED（带套筒），2 个。
（3）470Ω 电阻，2 个。
（4）连接线，若干。

搭建红外线前灯

电路板的每个角安装一个IR组（IR LED和检测器）。

（1）断开主板和伺服系统的电源；

（2）在教学板上建立如图6-3所示的电路，可参考实物连接图，如图6-4所示。

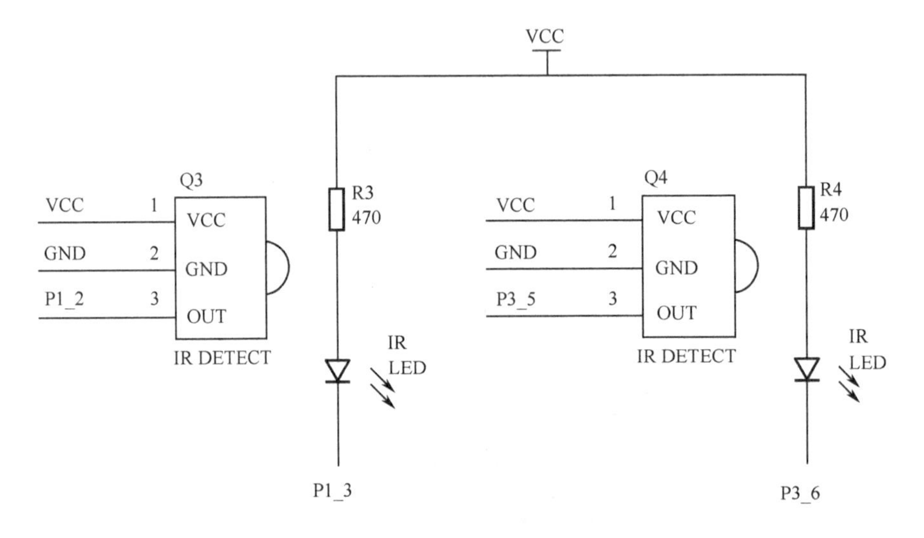

图6-3　右侧和左侧IR组原理图

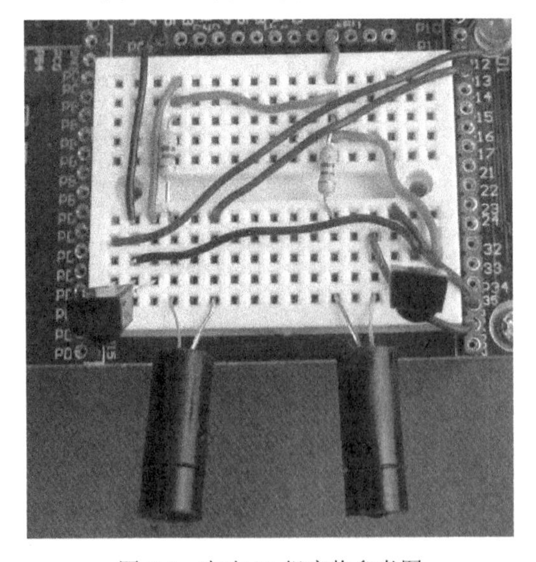

图6-4　左右IR组实物参考图

测试红外发射探测器

下面要用P1_3发送持续1ms的38.5kHz的红外光，如果红外光被机器人路径上的物体反射回来，红外检测器将给微控制器发送一个信号，让它知道已经检测到反射回的红外光。

让每个 IR LED 探测器组工作的关键是发送 1ms 频率为 38.5kHz 的红外信号，然后立刻将 IR 探测器的输出存储到一个变量中。下面是一个例子，它发送 38.5kHz 信号给连接到 P1_3 的 IR 发射器，然后用整型变量 irDetectLeft 存储连接到 P1_2 的 IR 探测器的输出上。

```
for(counter=0;counter<38;counter++)
    {
    P1_3=1;
    delay_nus(13);
      P1_3=0;
      delay_nus(13);
      }
irDetectLeft=P1_2state();
```

上述代码给 P1_3 输出的信号高电平 13μs，低电平为 13μs，总周期为 26μs，即频率约为 38.5kHz。总共输出 38 个周期的信号，即持续时间约为 1ms（38×26≈1000μs）。

当没有红外信号返回时，探测器的输出状态为高电平。当它探测到被物体反射的 38.5kHz 红外信号时，它的输出为低电平。因红外信号发送的持续时间为 1ms，因此 IR 探测器的输出如果处于低电平，其持续状态也不会超过 1ms，因此发送完信号后必须立即将 IR 探测器的输出存储到变量中。这些存储的值会显示在调试终端或被机器人用来导航。

例程：TestLeftIrPair.c

（1）打开教学板的电源。

（2）输入、保存并运行程序 TestLeftIrPair.c。

```
#include<BoeBot.h>
#include<uart.h>
int P3_5state(void)
{
     return (P3&0x20)?1:0;
}
int main(void)
{
     int counter;
     int irDetectLeft;
     uart_Init();
     printf("Program Running!\n");

     while(1)
          {
          for(counter=0;counter<38;counter++)
               {
               P3_6=1;
               delay_nus(13);
               P3_6=0;
               delay_nus(13);
```

```
        }
    irDetectLeft=P3_5state();
    printf("irDetectLeft=%d\n",irDetectLeft);
    delay_nms(100);
    }
}
```

（3）保持机器人与串口电缆的连接，因为你需用调试终端来测试 IR 组。

（4）放一个物体，比如手或一张纸，距离左侧 IR 组大约 2～3cm 处，如图 6-1 所示。

（5）验证：放一个物体在 IR 组前时，调试终端是否会显示“irDetecfLeft=0”？将物体移开时，它是否显示“irDetectLeft=1”，如图 6-5 所示？

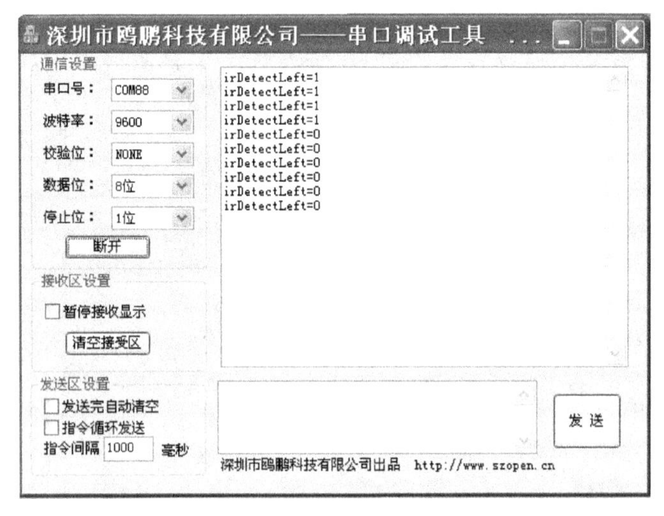

图 6-5　测试左 IR 组

（6）如果调试终端显示的是预料的值，没发现物体，显示 1，发现物体，则显示 0，转到例程后的“该你了”部分。

（7）如果调试终端显示的不是预料的值，试试按排错部分里的步骤进行排错。

排错

① 如果调试终端显示的不是预料的值，检查电路和输入的程序。

② 如果总是得到 0，甚至当没有物体在机器人前面时也是 0，可能是附近的物体反射了红外线。机器人前的桌面是常见的始作俑者。调整红外发射器的角度，使 IR LED 和探测器不会受桌面等物体的影响。

③ 如果机器人前面没有物体时，绝大多数时间读数是 1，但偶尔是 0，这可能是附近的荧光灯的干扰。关掉附近的荧光灯，重新测试。

函数延时的不精确性

如果有数字示波器，可以测量 P1_3 产生的方波的频率，发现并不是严格的 38.5kHz，而

是比 38.5kHz 略低。为什么会这样呢？这是因为上面例程中除了延时函数本身严格产生 13μs 的延时外，延时函数的调用过程也会产生延时，因此实际产生的延时会比 13μs 更长。函数调用时，CPU 要先进行一系列的操作，这些操作是需要时间的，至少几微秒，而现在所要求的延时也是微秒级，这就造成了延时的不精确性。怎么办？有没有更精确的方法？下面介绍一种常用的延时方法，这在实际嵌入式软件项目中使用非常广泛。

如果把 Keil uVision2 IDE 安装在 C 盘中，将在 C:\Program Files\Keil\C51\INC 目录下发现头文件“INTRINS.H”。这个头文件中声明了一个空函数_nop_(void)，它能准确延时一个机器周期，即约 1μs。

如果单片机工作在 12MHz 晶振下，则单片机 AT89S52 的最小时钟周期（即晶振频率的倒数）为

$$T=1/12\text{M}=(1/12)\times10^{-6}\text{s}$$

单片机的指令执行时间是用机器周期来计算的，一个机器周期为 12 个时钟周期，因此

$$t=12\times T=1\times10^{-6}\text{s}=1\mu\text{s}$$

本书使用的教学板选用的晶振为 11.0592MHz，所以一个空的机器周期产生的延时时间是 1.08μs，比 1μs 有稍许误差，但比调用延时函数要准确一些。

延时还有很多方法，如使用中断。中断的应用将在单片机的相关课程中介绍。

该你了

① 将程序 TestLeftIrPair.c 另存为 TestRightIrPair.c。
② 更改名称和注释使其适合于右侧 IR 组。
③ 采用刚刚讨论过的产生约 12 μs 延时的程序片段替代延时函数 delay_nus(13)。
④ 将变量名 irDetectLeft 改为 irDetectRight。
⑤ 将函数名 P1_2state 改为 P3_5state，并将函数体中的 0x04 改为 0x20。
⑥ 重复本任务前面的测试步骤，将 IR LED 连接到 P3_6，检测器连接到 P3_5。

任务 2　探测和避开障碍物

有关 IR 检测器的趣事是它们的输出与触须的输出非常相像。没有检测到物体时，输出为高电平；检测到物体时，输出为低电平。本任务就更改程序 RoamingWithWhiskers.c，使它适用于 IR 检测器。

进行 IR 探测时要使用 AT89S52 的 4 个引脚：P1_2、P1_3、P3_5 和 P3_6。在学习的过程中，你是不是经常会问自己“这个引脚是干什么的，那个引脚是干什么的？”。下面介绍的方法可很好地解决这个问题。

```
#define LeftIR        P3_5    //左边红外接收连接到 P3_5
#define RightIR       P1_2    //右边红外接收连接到 P1_2
#define LeftLaunch    P3_6    //左边红外发射连接到 P3_6
#define RightLaunch   P1_3    //右边红外发射连接到 P1_3
```

这里用到了宏定义命令#define，它的作用是在后面的程序文件中可以用 LeftIR 等来代替

P1_2 这个字符串等。程序在编译预处理时，会自动将后面程序中出现的所有 LeftIR 等都用 P1_2 代替。这种方法是用一个简单的名字代替一个长的字符串，或者用一个有意义的名字代替一些无规则、无意义的字符串，方便程序阅读、理解和修改。往后的程序编写中，你就可以用 LeftIR 代替 P3_5，用 RightIR 代替 P1_2 等。

宏定义

宏定义的一般形式为

```
#define 标识符 字符串
```

改变触须程序使其适用于 IR 检测和躲避

下一个例程与 RoamingWithWhiskers.c 相似：更改旁边的名称和描述，加入两个变量来存储 IR 检测器的状态。

```
int irDetectLeft
int irDetectRight
```

设计一个函数 void IRLaunch(unsigned char IR)来进行红外线发射。

```
void IRLaunch(unsigned char IR)
{
    int counter;
    if(IR=='L')
      for(counter=0;counter<38;counter++)          //左边发射
      {
          LeftLaunch=1;
          _nop_(); _nop_(); _nop_(); _nop_(); _nop_(); _nop_();
          _nop_(); _nop_(); _nop_(); _nop_(); _nop_(); _nop_();
          LeftLaunch=0;
          _nop_(); _nop_(); _nop_(); _nop_(); _nop_(); _nop_();
          _nop_(); _nop_(); _nop_(); _nop_(); _nop_(); _nop_();
      }
     if(IR=='R')
      for(counter=0;counter<38;counter++)          //右边发射
      {
           RightLaunch=1;
           _nop_(); _nop_(); _nop_(); _nop_(); _nop_(); _nop_();
           _nop_(); _nop_(); _nop_(); _nop_(); _nop_(); _nop_();
           RightLaunch=0;
           _nop_(); _nop_(); _nop_(); _nop_(); _nop_(); _nop_();
           _nop_(); _nop_(); _nop_(); _nop_(); _nop_(); _nop_();
      }
}
```

这个函数的形参是一个无符号的字符型变量，用到了修饰符 unsigned。对于字符型变量而言，在第 2 讲介绍过，如果没有指定修饰符 unsigned，它也可以作为一个有符号的 8 位整

型变量，取值范围为-128～127。如果是无符号型，则取值范围为 0～255。无论是有符号还是无符号，其数值作为编码时代表的字符都是一样的。

修改 if...else 语句存储 IR 检测信息的变量。

```
if((irDetectLeft==0)&&(irDetectRight==0))        //两边同时接收到红外线
{
    Left_Turn();
    Left_Turn();
}
else if(irDetectLeft==0)                          //只有左边接收到红外线
    Right_Turn();
else if(irDetectRight==0)                         //只有右边接收到红外线
    Left_Turn();
else
    Forward();
```

例程：RoamingWithIr.c

（1）打开教学板的电源。

（2）保存并运行程序。

（3）看看机器人的运动和运行程序 RoamingWithWhiskers.c 时相比，是不是除了不需接触外，其他都非常像。

```
#include<BoeBot.h>
#include<uart.h>
#include<intrins.h>

#define LeftIR        P3_5                  //左边红外接收连接到 P3_5
#define RightIR       P1_2                  //右边红外接收连接到 P1_2
#define LeftLaunch    P3_6                  //左边红外发射连接到 P3_6
#define RightLaunch   P1_3                  //右边红外发射连接到 P1_3

void IRLaunch(unsigned char IR)
{
    int counter;
    if(IR=='L')                              //左边发射
        for(counter=0;counter<38;counter++)  //发射时间比胡须长
        {
            LeftLaunch=1;
            _nop_(); _nop_(); _nop_(); _nop_(); _nop_(); _nop_();
            _nop_(); _nop_(); _nop_(); _nop_(); _nop_(); _nop_();
            LeftLaunch=0;
            _nop_(); _nop_(); _nop_(); _nop_(); _nop_(); _nop_();
            _nop_(); _nop_(); _nop_(); _nop_(); _nop_(); _nop_();
        }
    if(IR=='R')                              //右边发射
```

```
            for(counter=0;counter<38;counter++)
            {
                RightLaunch=1;
                _nop_(); _nop_(); _nop_(); _nop_(); _nop_(); _nop_();
               _nop_(); _nop_(); _nop_(); _nop_(); _nop_(); _nop_();
              RightLaunch=0;
               _nop_(); _nop_(); _nop_(); _nop_(); _nop_(); _nop_();
               _nop_(); _nop_(); _nop_(); _nop_(); _nop_(); _nop_();
            }
}
void Forward(void)                          //向前行走子程序
{
      P1_1=1;
      delay_nus(1700);
      P1_1=0;
      P1_0=1;
      delay_nus(1300);
      P1_0=0;
      delay_nms(20);
}
void Left_Turn(void)                        //左转子程序
{
      int i;
      for( i=1;i<=26;i++)
      {
           P1_1=1;
           delay_nus(1300);
           P1_1=0;
           P1_0=1;
           delay_nus(1300);
           P1_0=0;
           delay_nms(20);
      }
}
void Right_Turn(void)                  //右转子程序
{
      int i;
      for( i=1;i<=26;i++)
      {
           P1_1=1;
           delay_nus(1700);
           P1_1=0;
           P1_0=1;
           delay_nus(1700);
```

```
            P1_0=0;
            delay_nms(20);
        }
}
void Backward(void)                     //向后行走子程序
{
        int i;
        for( i=1;i<=65;i++)
        {
            P1_1=1;
            delay_nus(1300);
            P1_1=0;
            P1_0=1;
            delay_nus(1700);
            P1_0=0;
            delay_nms(20);
        }
}
int main(void)
{
        int irDetectLeft,irDetectRight;
        uart_Init();
        printf("Program Running!\n");
        while(1)
        {
            IRLaunch('R');                              //右边发射
            irDetectRight = RightIR;                    //右边接收
            IRLaunch('L');                              //左边发射
            irDetectLeft = LeftIR;                      //左边接收
            if((irDetectLeft==0)&&(irDetectRight==0))   //两边同时接收到红外线
            {
                Backward();
                Left_Turn();
                Left_Turn();
            }
            else if(irDetectLeft==0)                    //只有左边接收到红外线
            {
                Backward();
                Right_Turn();
            }
            else if(irDetectRight==0)                   //只有右边接收到红外线
            {
                Backward();
                Left_Turn();
```

```
            }
            else
                Forward();
        }
    }
```

掌握了胡须导航你就不难理解该例程是如何工作的，它采取了与胡须相同的导航策略。

任务 3　高性能的 IR 导航

在触须导航里使用的函数动作程序很好，但是在使用 IR LED 和探测器时会造成不必要的迟钝。发送脉冲给电动机之前检查障碍物，可以大大改善机器人的行走性能。程序可以使用传感器输入为每个瞬间的导航选择最好的动作。这样机器人永远不会走过头，它会找到绕开障碍物的完美路线，成功地走过更加复杂的路线。

在每个脉冲之间采样以避免碰撞

探测障碍物很重要的一点是在机器人撞到它之前给机器人留有绕开它的空间。如果前方有障碍物，机器人会使用脉冲命令避开，然后探测，如果物体还在，再使用另一个脉冲来避开它。机器人能持续使用电动机驱动脉冲和探测，直到它绕开障碍物，然后它会继续发送向前行走的脉冲。实验完下一个例子程序后，你会认同这对于机器人行走是一个很好的方法。

例程：FastIrRoaming.c

输入、保存并运行程序 FastIrRoaming.c。

```
#include<BoeBot.h>
#include<uart.h>
#include<intrins.h>

#define LeftIR          P3_5    //左边红外接收连接到 P3_5
#define RightIR         P1_2    //右边红外接收连接到 P1_2
#define LeftLaunch      P3_6    //左边红外发射连接到 P3_6
#define RightLaunch     P1_3    //右边红外发射连接到 P1_3

void IRLaunch(unsigned char IR)
{
    int counter;
    if(IR=='L')                                     //左边发射
        for(counter=0;counter<38;counter++)
        {
            LeftLaunch=1;
            _nop_(); _nop_(); _nop_(); _nop_(); _nop_(); _nop_();
            _nop_(); _nop_(); _nop_(); _nop_(); _nop_(); _nop_();
```

```
            LeftLaunch=0;
            _nop_(); _nop_(); _nop_(); _nop_(); _nop_(); _nop_();
            _nop_(); _nop_(); _nop_(); _nop_(); _nop_(); _nop_();
    }
    if(IR=='R')                                   //右边发射
        for(counter=0;counter<38;counter++)         //右边发射
        {
            RightLaunch=1;
            _nop_(); _nop_(); _nop_(); _nop_(); _nop_(); _nop_();
            _nop_(); _nop_(); _nop_(); _nop_(); _nop_(); _nop_();
            RightLaunch=0;
            _nop_(); _nop_(); _nop_(); _nop_(); _nop_(); _nop_();
            _nop_(); _nop_(); _nop_(); _nop_(); _nop_(); _nop_();
        }
}
int main(void)
{
    int   pulseLeft,pulseRight;
    int irDetectLeft,irDetectRight;
    uart_Init();
    printf("Program Running!\n");
    do
    {
        IRLaunch('R');                                          //右边发射
        irDetectRight = RightIR;                                //右边接收
        IRLaunch('L');                                          //左边发射
        irDetectLeft = LeftIR;                                  //左边接收
        if((irDetectLeft==0)&&(irDetectRight==0))               //向后退
        {
            pulseLeft=1300;
            pulseRight=1700;
        }
        else if((irDetectLeft==0)&&(irDetectRight==1))          //右转
        {
            pulseLeft=1700;
            pulseRight=1700;
        }
        else if((irDetectLeft==1)&&(irDetectRight==0))          //左转
        {
            pulseLeft=1300;
            pulseRight=1300;
        }
        else                                                    //前进
        {
```

```
                pulseLeft=1700;
                pulseRight=1300;
            }
            P1_1=1;
            delay_nus(pulseLeft);
            P1_1=0;
            P1_0=1;
            delay_nus(pulseRight);
            P1_0=0;
            delay_nms(20);
        }
        while(1);
    }
```

FastIrRoaming.c 是如何工作的

这个程序使用稍微不同的方法来使用驱动脉冲。除了两个存储 IR 检测器输出的状态以外，它还使用两个整型变量来设置发送的脉冲持续时间。

```
int   pulseLeft,pulseRight;
int   irDetectLeft,irDetectRight;
```

前面已经学习了循环控制语句 while，它的一般表达式为：

```
while(表达式)语句;
```

下面要学到另一种循环控制语句。

do…while 语句

在 C 语言中，直到型循环控制语句是“do…while”，它的一般形式为：

```
do  语句  while(表达式);
```

其中，语句通常为复合语句，称为循环体。

do…while 语句的基本特点是：先执行后判断。因此，循环体至少被执行一次。

在 do 循环体中，发送 38.5 kHz 的 IR 信号给每个 IR LED。当脉冲发送完后，变量立即存储 IR 检测器的输出状态。这是很有必要的，因为如果等待的时间太长，无论是否发现物体，将返回没有探测到物体的状态 1。

```
IRLaunch('R');                //右边发射
irDetectRight = RightIR;      //右边接收
IRLaunch('L');                //左边发射
irDetectLeft = LeftIR;        //左边接收
```

在 if…else 语句中，程序不是发送脉冲或调用导航程序而是设置发送的脉冲持续时间。

```
if((irDetectLeft==0)&&(irDetectRight==0))
{
    pulseLeft=1300;
```

```
        pulseRight=1700;
    }
    else if(irDetectLeft==0)
    {
        pulseLeft=1700;
        pulseRight=1700;
    }
    else if(irDetectRight==0)
    {
        pulseLeft=1300;
        pulseRight=1300;
    }
    else
    {
        pulseLeft=1700;
        pulseRight=1300;
    }
```

在重复循环体之前，要做的最后一件事是发送脉冲给伺服电动机。

```
    P1_1=1;
    delay_nus(pulseLeft);
    P1_1=0;
    P1_0=1;
    delay_nus(pulseRight);
    P1_0=0;
    delay_nms(20);
```

该你了

① 将程序 FastIrRoaming.c 另存为 FastIrRoamingYourTurn.c。

② 用 LED 来指示机器人是否探测到物体。

③ 试着更改 pulseLeft 和 pulseRight 的值，使机器人以一半的速度行走。

④ 例程中 while 语句是否可以替换 do…while 语句呢？以前使用 while 语句的地方是否能替换成 do...while 语句呢？尝试一下！

任务 4　俯视的探测器

到目前为止，当机器人探测到前面有障碍物时，主要使机器人做避让动作。也有一些场合，当没有检测到障碍物时，机器人也必须采取避让动作。例如，如果机器人在桌子上行走，IR 检测器向下检测桌子表面。只要 IR 探测器都能够“看”到桌子表面，程序会使机器人继续向前走。换句话说，只要桌子表面能够被检测到，机器人就会继续在它的上面向前走。

（1）断开主板和伺服系统的电源。

（2）使 IR 组向外向下，如图 6-6 所示。

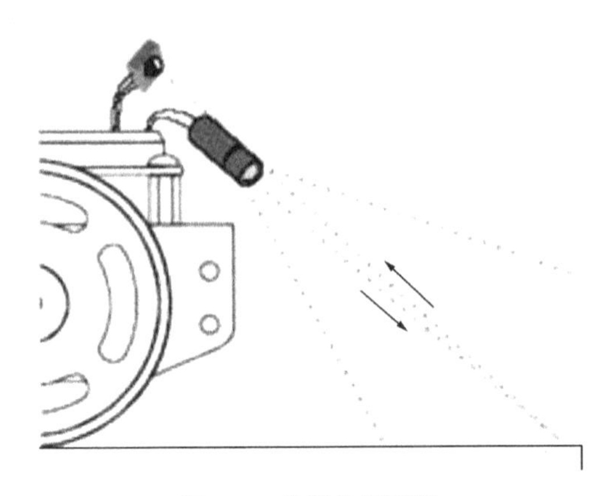

图 6-6　俯视的探测器

推荐材料

（1）卷装黑色聚氯乙烯绝缘带：19mm 宽。
（2）一张白色招贴板：56cm×71cm。

用绝缘带模拟桌子的边沿

由绝缘带制作边框的白色招贴板能够很容易地模拟桌子的边沿，这对机器人没有什么危险。

（1）如图 6-7 所示，建立一块有绝缘带边界的场地。使用至少 3 条绝缘带，绝缘带边之间连接紧密，没有白色露出来。

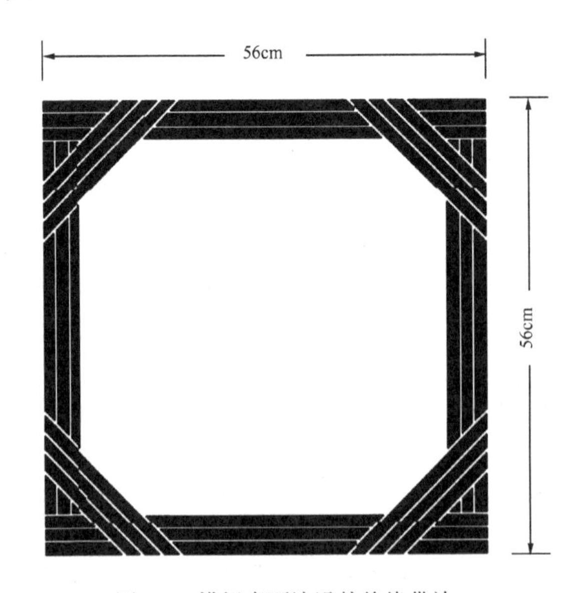

图 6-7　模拟桌面边沿的绝缘带边

（2）用 1kΩ（或 2kΩ）电阻代替图 6-3 中的 R3（R4），这样一来就减少了通过 IR LED 的电流，从而降低了发射功率，使机器人在本任务中看得近一些。

边沿探测编程

编程使机器人在桌面行走而不会走到桌边，只需修改程序 FastIrRoaming.c 中的 if...else 语句。主要的修改是，当 irDetectLeft 和 irDetectRight 的值都是 0 时，表明在桌子表面检测到物体（桌面），机器人向前行走。当这个检测器表明它没有发现物体（桌面）时，机器人也会从一个检测器的那边避开。例如，如果 irDetectLeft 的值是 1，机器人会向右转。

避开边沿程序的第二个特征是可调整的距离。你可能希望机器人在检查两个检测器之间只响应一个向前的脉冲，但是只要发现边沿，在下一次检测之前希望它响应几个对转动有利的脉冲。

在躲避的动作中使用了几个脉冲，并不意味着必须返回到触须式的导航；相反，你可以增加变量 pulseCount 来设置传输给机器人的脉冲数。一个向前的脉冲，pulseCount 可以是 1；10 个向左的脉冲，pulseCount 可以设为 10，等等。

例程：AvoidTableEdge.c

（1）打开程序 FastIrRoaming.c 并另存为 AvoidTableEdge.c。
（2）修改它使其与下面例程匹配。
（3）打开主板与电动机的电源。
（4）在带绝缘带边框的场地上测试程序。

```
#include<BoeBot.h>
#include<uart.h>
#include<intrins.h>

#define LeftIR          P3_5    //左边红外接收连接到 P3_5
#define RightIR         P1_2    //右边红外接收连接到 P1_2
#define LeftLaunch      P3_6    //左边红外发射连接到 P3_6
#define RightLaunch     P1_3    //右边红外发射连接到 P1_3

void IRLaunch(unsigned char IR)
{
    int counter;
    if(IR=='L')                         //左边发射
        for(counter=0;counter<38;counter++)
        {
            LeftLaunch=1;
            _nop_(); _nop_(); _nop_(); _nop_(); _nop_(); _nop_();
            _nop_(); _nop_(); _nop_(); _nop_(); _nop_(); _nop_();
            LeftLaunch=0;
            _nop_(); _nop_(); _nop_(); _nop_(); _nop_(); _nop_();
            _nop_(); _nop_(); _nop_(); _nop_(); _nop_(); _nop_();
        }
    if(IR=='R')                         //右边发射
```

```
            for(counter=0;counter<38;counter++)
            {
                RightLaunch=1;
                _nop_(); _nop_(); _nop_(); _nop_(); _nop_(); _nop_();
                _nop_(); _nop_(); _nop_(); _nop_(); _nop_(); _nop_();
                RightLaunch=0;
                _nop_(); _nop_(); _nop_(); _nop_(); _nop_(); _nop_();
                _nop_(); _nop_(); _nop_(); _nop_(); _nop_(); _nop_();
            }
}
int main(void)
{
    int  i,pulseCount;
    int  pulseLeft,pulseRight;
    int  irDetectLeft,irDetectRight;
    uart_Init();
    printf("Program Running!\n");
    do
    {
        IRLaunch('R');                                    //右边发射
        irDetectRight = RightIR;                          //右边接收
        IRLaunch('L');                                    //左边发射
        irDetectLeft = LeftIR;                            //左边接收
        if((irDetectLeft==0)&&(irDetectRight==0))         //向前走
        {
            pulseCount=1;
            pulseLeft=1700;
            pulseRight=1300;
        }
        else if((irDetectLeft==1)&&(irDetectRight==0))    //右转
        {
            pulseCount=10;
            pulseLeft=1300;
            pulseRight=1300;
        }
        else if((irDetectLeft==0)&&(irDetectRight==1))    //左转
        {
            pulseCount=10;
            pulseLeft=1700;
            pulseRight=1700;
        }
        else                                              //后退
        {
            pulseCount=15;
```

```
                pulseLeft=1300;
                pulseRight=1700;
            }
            for(i=0;i<pulseCount;i++)
            {
                P1_1=1;
                delay_nus(pulseLeft);
                P1_1=0;

                P1_0=1;
                delay_nus(pulseRight);
                P1_0=0;
                delay_nms(20);
            }
        }
        while(1);
    }
```

AvoidTableEdge.c 是如何工作的

在程序中加入一个 for 循环来控制每次发送多少脉冲，加入一个变量 pulseCount 作为循环的次数：

```
int pulseCount;
```

在 if…else 中设置 pulseCount 的值就像设置 pulseRight 和 pulseLeft 的值一样。如果两个检测器都能看到桌面，响应一个向前的脉冲。

```
if((irDetectLeft==0)&&(irDetectRight==0))
{
    pulseCount=1;
    pulseLeft=1700;
    pulseRight=1300;
}
```

如果左边的 IR 检测器没有看到桌面，向右旋转 10 个脉冲。

```
else if(irDetectLeft==1)
{
    pulseCount=10;
    pulseLeft=1300;
    pulseRight=1300;
}
```

如果右边的 IR 检测器没有看到桌面，向左转 10 个脉冲。

```
else if(irDetectRight==1)
{
    pulseCount=10;
```

```
        pulseLeft=1700;
        pulseRight=1700;
    }
```

如果两个检测器都看不到桌面，则向后退 15 个脉冲，希望其中一个检测器能够看到桌子边沿。

```
    else
    {
        pulseCount=15;
        pulseLeft=1300;
        pulseRight=1700;
    }
```

现在，pulseCount、pulseLeft 和 pulseRight 的值都已设置好，for 循环发送由变量 pulseLeft 和 pulseRight 决定的脉冲数。

```
    for(int i=0;i<pulseCount;i++)
    {
        P1_1=1;
        delay_nus(pulseLeft);
        P1_1=0;
        P1_0=1;
        delay_nus(pulseRight);
        P1_0=0;
        delay_nms(20);
    }
```

该你了

你可以在 if...else 中给 pulseLeft、pulseRight 和 pulseCount 设置不同的值来做一些实验。举个例子，如果机器人走不远，只是沿着绝缘带的边界行走，用向后转代替转弯会让机器人的行为很有趣。

① 调整程序 AvoidTableEdge.c 的 pulseCount 的值，使机器人在有绝缘带边界的场地中行走，但不会避开绝缘带太远。

② 用使机器人在场内行走而不是沿边沿行走的方法——绕轴旋转做实验。

工程素质和技能归纳

① 红外传感器作为输入反馈与单片机的编程实现。

② C 语言#define 指令的使用。

③ do...while 循环控制语句的使用。

④ 高性能红外线导航及边沿探测的实现。

科学精神的培养

① C51 输出接口的驱动能力有限，其具体含义是什么？其实在设计电子电路或者机电一体化系统时，时时刻刻都要考虑驱动能力，如电阻和电容。分析一下在使用和维护这些系统时如何注意这个关键问题。

② 除了本讲用到的声明标志符常量外，请查找相关资料，找出#define 还有哪些用法，并进行小结。

③ do…while 语句与 while 语句的联系和区别。

④ 障碍物与道路（桌面）本是两个对立的概念，在本讲中却可以用同一个传感器进行探测，分析其中的概念转换思想。

第7讲　多分支结构程序设计——机器人循线竞赛

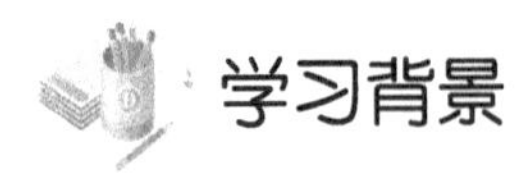

学习背景

在现代化的工厂里经常可以看到一种自动化程度很高的小车——无人搬运车（Automated Guided Vehicle，AGV），它们能在生产车间内往复穿梭搬运原料，不需要驾驶员的操作便可以按规定的路径行驶。

工业应用中的 AGV 一般利用电磁或光学的设备依循地上的电磁轨道等给出的信息来移动。本讲利用手中的两轮机器人加上 QTI 循线传感器来制作一个简单的 AGV——线跟踪机器人进行机器人游中国的比赛。通过比赛来学习设计制作线跟踪机器人，并对其编程完成比赛任务，成绩优胜者可以代表学校参加中国教育机器人大赛的全国总决赛。通过该比赛任务可以学习和掌握以下技能：

（1）QTI 循线传感器原理。

（2）QTI 循线传感器通信接口和安装。

（3）QTI 循线传感器的测试程序编写。

（4）多分支结构程序设计——基于 QTI 循线传感器反馈信息进行决策。

（5）综合循环结构和多分支结构编写程序，实现机器人游中国的循线任务，进行比赛。

竞赛任务

机器人游中国是中国教育机器人大赛设立的趣味比赛项目，基本的任务是设计一个基于8位单片机的小型舵机轮式机器人从比赛场地的起始点出发，游遍所有景点，然后返回起始点。每年的比赛场地和规则都会由竞赛技术委员会进行修改，以使比赛能够持续保持生命力。但是总体的任务都是要求参赛机器人按比赛场地道路轨迹移动或者自主移动，在规定时间内，游历尽量多的景点，获得尽量多的分数。在游历完所有景点后回到出发地。如果两个机器人获得的分数相等，则较少时间完成任务的机器人更优。2012 年中国教育机器人大赛中的机器人游中国的比赛场地如图 7-1 所示。

初级的比赛在每个景点的上面放置有一个景点介绍牌，机器人可以通过触碰到该指示牌确定是否到达一个景点。高级别的比赛可以通过颜色或者 RFID 标签来分辨机器人到达了哪个景点，再开始游览下一个景点。更高级别的比赛会没有黑色的引导线，且要求到达景点后

与景点的自动语音设备互动，并等景点介绍完后才能继续游览下一个景点。所以，这样一个比赛会充满各种挑战并富有趣味。本讲就从初级比赛开始。

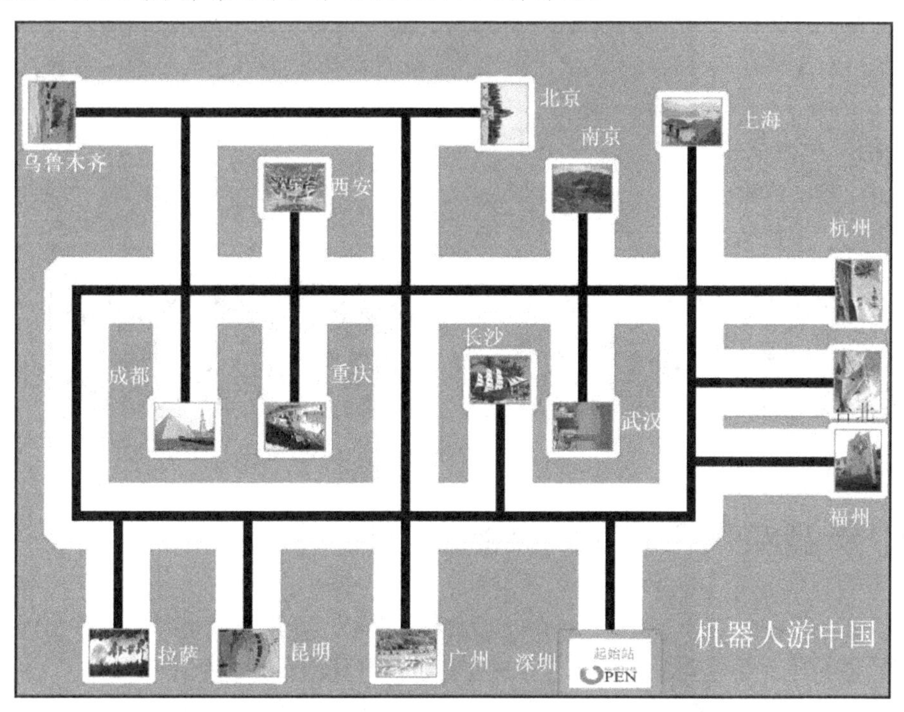

图 7-1　2012 中国机器人大赛机器人游中国比赛场地图

任务 1　QTI 传感器及其通信接口

本项目使用的 QTI（Quick Track Infrared）传感器如图 7-2 所示。它的工作原理同前一讲学习的红外发射器和接收器对原理完全一样，只是对两个电路进行了封装，并用一个信号线来实现对红外线的发射和接收控制，节约了单片机微控制器的宝贵接口（引脚）资源。这里所用的 QTI 传感器探测到黑色物体时输出高电平（+5V），探测到白色物体输出低电平（0V）。

图 7-2　QTI 传感器实物图

QTI 传感器的特性使其很适合用在巡线、迷宫导航、探测场地边缘等应用项目中。

本项目所用 QTI 传感器的性能参数如下。

① 工作温度：−40℃～85℃。

② 工作电压：5V。

③ 连续电流：50mA。

④ 功耗：100mW。

⑤ 最佳探测距离：5～10mm。

⑥ 最佳距离下最大散射角度：65°。

⑦ 响应时间：上升沿时间 10μs，下降沿时间 50μs。

QTI 传感器的引脚如图 7-3 所示，将传感器上的光电管面对你摆放的时候，如左图所示，从上到下 3 个引脚依次为 GND、VCC、SIG；其背面有具体的标记，如右图所示。具体定义如下。

① GND：电源地线。

② VCC：5V 直流电源。

③ SIG：信号输出。

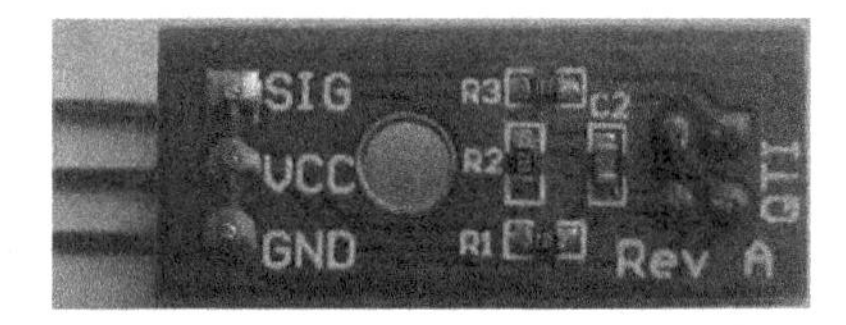

图 7-3　QTI 传感器接口

任务 2　安装 QTI 传感器到机器人前端

本项目使用的 QTI 巡线套件中包含 4 组 QTI 传感器。要使两轮机器人完成线跟踪功能，最少需要使用两组，当然也可以使用三组或者四组，甚至更多。使用不同数目的 QTI 传感器可以获得不同性能的线跟踪功能。这里将 4 个 QTI 传感器全部安装到两轮教育机器人上。首先将 4 个 QTI 传感器分别用 M3 螺钉固定到相应铜螺柱上，具体固定方式参考 7-4 所示。

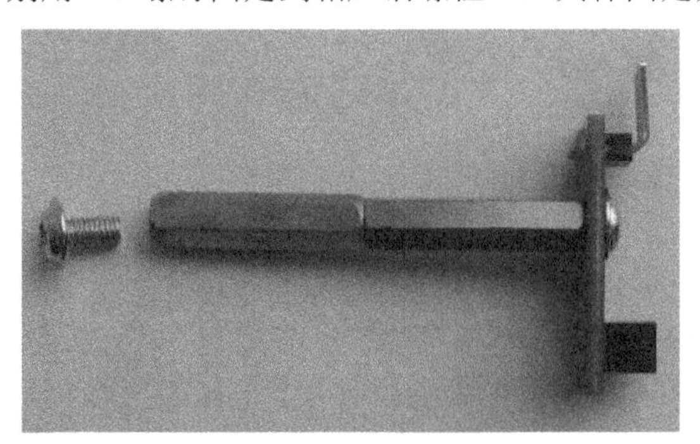

图 7-4　QTI 传感器固定到铜螺柱一端

再用图 7-4 左侧的螺钉将 4 组 QTI 传感器安装模组固定到机器人前端，具体方式参考图 7-5。再用套件中附带的 3PIN 杜邦线和 3PIN 插针将 QTI 的引脚连接到机器人的面包板上，将所有 QTI 传感器的 GND 连接至教学控制板上的 GND，VCC 连接到教学控制板上的+5V，然后将 SIG 连接到 51 单片机的 4 个 IO 端口上，如图 7-5 所示。这里按照面对机器人从左到右的顺序，分别连接到 P1_4、P1_5、P1_6、P1_7。连接好的教学机器人如图 7-6 所示。

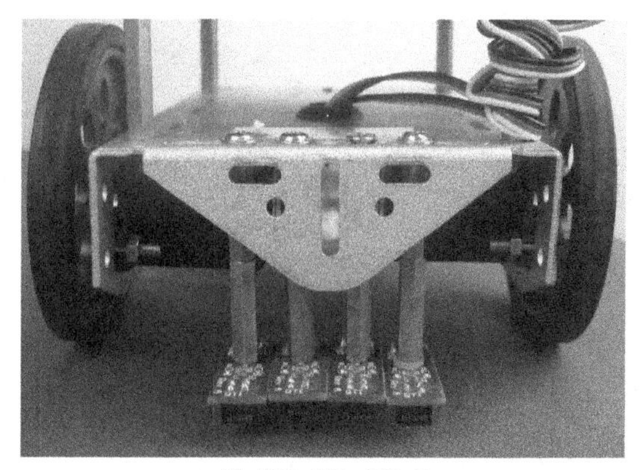

P1_4 P1_5 P1_6 P1_7

图 7-5　安装好的 QTI 传感器

图 7-6　QTI 传感器输出接口与教学板的连接

任务 3　编写 QTI 传感器的测试程序

连接好电路以后，接下来我们要写一个测试程序，以检查各 QTI 传感器是否连接正确，并正常工作。参考触须测试程序和红外传感测试程序，可以编写一个程序，完成如下功能：

① 读取每个 QTI 传感器信号脚的电平高低。

② 将读取的结果通过串口送到 PC 显示。

测试程序：Test4QTI.c

```
#include <Boebot.h>                     //宝贝车的标准头文件
#include <uart.h>                       //串口的头文件

int P1_4_state(void)                    //获取 P1_4 状态
{
    return(P1&0x10)?1:0;
```

```
}

int P1_5_state(void)                    //获取 P1_5 状态
{
    return (P1&0x20)?1:0;
}

int P1_6_state(void)                    //获取 P1_6 状态
{
    return (P1&0x40)?1:0;
}

int P1_7_state(void)                    //获取 P1_7 状态
{
    return (P1&0x80)?1:0;
}

int main(void)
{
    uart_Init();                        //串口初始化
    printf("Program Running!\n");       //在调试窗口显示一条信息

    while(1)
    {
        printf("QTIL= %d ",P1_7_state());
        printf("QTIM1= %d ",P1_6_state());
        printf("QTIM2= %d",P1_5_state());
        printf("QTIR= %d\n",P1_4_state());
        delay_nms(500);
    }
}
```

Test4QTI.c 是如何工作的呢？

程序首先进行串口初始化，然后将 P1_7、P1_6、P1_5 和 P1_4 四个 IO 端口的状态送入串口，这里的左中右是按照机器人本身的方向确定的。此时若已经将机器人与 PC 的串口连接，打开串口调试工具，便可以在软件界面看到如图 7-7 的画面。

将以上 QTI 测试程序编译、连接下载到单片机中。下载时会发现程序不能正常下载，此时需将连接到 P1_6 和 P1_7 上的 QTI 插针断开。程序下载完成后再将插针按原来方式插上。之所以这样是因为单片机下载需要用到单片机的 P1_6 和 P1_7 口这两个端口，这就是单片机的端口复用技术。下载用的端口在下载完成后还是可以作为正常的输入和输出口。

如果有 6 个或者更多的 QTI 传感器，可以用同样的办法来进行测试。不过，通过比较不难发现，以上程序的编写太过冗长，4 个检测传感器返回值的子函数结构完全一样，可以用一个简洁的程序完成 4 个或者更多的传感器的状态检测。

图 7-7　PC 串口调试界面图

4 个 QTI 传感器分别接入 P1 端口的 4、5、6 和 7 号引脚（或者说端口），所以 4 个引脚的状态可以通过以下 1 个函数获得。

```
int Get_4QTI_State(void)
{
    return P1&0xf0;
}
```

用来做轨迹引导小车的线必须足够黑，以便能吸收传感器发出的红外光。机器人游中国的场地推荐使用原厂家生产的标准场地。如果没有正式的比赛场地，可以在桌面上或者白色的 KT 板上，按照场地的尺寸贴上黑色电工胶布，来对安装好的循线传感器进行测试，看其是否正常工作。

测试时依次让各 QTI 传感器处于黑色引导线的上方，观察串口调试工具中显示的状态有没有 0、1 的变化。当某个 QTI 传感器其处于白色表面上时为 0，处于黑线上时为 1，则该 QTI 正常。若显示始终不变化的，检查该 QTI 的接线是否正确或者该 QTI 传感器是否有问题。

当确认每个 QTI 传感器都工作正常后，下面需要检测传感器的安装位置是否能够检测出足够多的场地状态，并能够可靠地分辨出来。分析图 7-1 所示的场地，得到以下各种特征的路径：直线段，左拐 90 度弯口，右拐 90 度弯口，十字路口和丁字路口，最后还有开始电和各个景点。4 个 QTI 传感器总共有 16 个状态，除了十字路口和丁字路口不能分辨外，通过调整这 4 个 QTI 传感器的相对位置，完全可以识别直线段、左拐 90 度弯口、右拐 90 度弯口和丁字路口，十字路口的特征同丁字路口一样。调整 4 个 QTI 传感器的相对位置（即间距），让其返回值具有如下特征。

① 直线段：中间 2 个或者 1 个 QTI 传感器能够检测到黑色，表示机器人在黑线上方；而当左边 1 个或者 2 个，右边 2 个或者 1 个检测到黑色时，表示机器人偏离了黑线。

② 左拐 90 度弯口，左边的 3 个 QTI 传感器能够检测到黑色。

③ 右拐 90 度弯口，右边的 3 个 QTI 传感器能够检测到黑线。

④ 丁字路口或者十字路口，4 个 QTI 传感器都检测到黑线。

⑤ 开始点和各个景点，4 个 QTI 传感器都检测到白色。

必须通过实际的测试，让 QTI 传感器的返回值具有上述特征，否则后面的程序就不能正常工作。

注意

由于 QTI 传感器对表面材质和距离表面的高度比较敏感，如果出现传感器没有反应的情况，首先检测传感器距离表面的高度是否在 5~10mm 之间，超出这个范围，QTI 传感器就不能正常工作了。如果检测发现安装高度超出这个范围，可以通过增加垫圈的方式降低安装高度，或者使用更短的螺柱来增加高度。另外，循线时要确保场地表面平整，不平整的地面会使传感器距离表面的高度出现较大的变化，从而使传感器在运动过程中出现错误，影响机器人的正常运行。

当确定所有 QTI 正常工作以后，便可以继续进行后续的任务：设计算法，让机器人循线前进。

所谓**算法**，就是完成一项任务的操作步骤。做任何事情都有一定的步骤，无论是人还是计算机。程序设计的过程就是根据要完成的任务确定计算机可以实现的操作步骤的过程。完成程序设计，就是通过分析任务要求和计算机所能实现的基本操作，设计出操作步骤完成任务。

任务 4　设计算法实现机器人无接触传感器游中国

如果机器人没有安装触须传感器，可以通过判断 4 个 QTI 传感器是否全部检测到白色来确定机器人是否到达了某个景点。当机器人到达某个景点时，机器人直接掉头。根据传感器的安装方式和检测值，不难确定机器人线跟踪算法：

（注意：以下算法描述中的左右概念是相对于机器人自身前进方向而言）

（1）检测 4 个传感器的返回值。

（2）根据传感器的返回值，决定机器人的运动方式：

i. 如果中间任何 1 个或者 2 个传感器检测到黑色，左右 2 个传感器都没有检测到黑色，机器人前进 1 步。

ii. 如果最左边的 2 个传感器检测到黑线，另外 2 个传感器没有检测到黑线，机器人左转 1 小步。

iii. 如果最左边的 1 个传感器检测到黑线，另外 3 个传感器没有检测到黑线，机器人左转 1 步。

iv. 如果左边的 3 个传感器检测到黑线，另外 1 个传感器没有检测到黑线，机器人左转 90 度。

v. 如果右边的 3 个传感器检测到黑线，另外 1 个传感器没有检测到黑线，机器人右转 90 度。

vi. 如果最右边的 2 个传感器检测到黑线，另外 2 个传感器没有检测到黑线，机器人右转 1 小步。

vii. 如果最右边的 1 个传感器检测到黑线，另外 3 个传感器没有检测到黑线，机器人右转 1 小步。

viii. 如果 4 个传感器都检测到黑色，机器人右转 90 度。

ix. 如果 4 个传感器都检测白色，机器人掉头。

x. 如果传感器检测值出现其它的情况，机器人停止运动。

（3）不断重复步骤 1 和步骤 2。

可以将步骤 2 的算法用表 7-1 来进行更详细的说明。

表 7-1 使用 4 个 QTI 传感器的循线策略表

<table>
<tr><th>P1_7</th><th>P1_6</th><th>P1_5</th><th>P1_4</th><th>策　略</th></tr>
<tr><td>1</td><td>0</td><td>0</td><td>0</td><td>向左旋转 1 步</td></tr>
<tr><td>1</td><td>1</td><td>0</td><td>0</td><td>向左旋转 1 小步</td></tr>
<tr><td>1</td><td>1</td><td>1</td><td>0</td><td>左转 90 度</td></tr>
<tr><td>0</td><td>1</td><td>0</td><td>0</td><td rowspan="3">前进</td></tr>
<tr><td>0</td><td>1</td><td>1</td><td>0</td></tr>
<tr><td>0</td><td>0</td><td>1</td><td>0</td></tr>
<tr><td>0</td><td>1</td><td>1</td><td>1</td><td>右转 90 度</td></tr>
<tr><td>0</td><td>0</td><td>1</td><td>1</td><td>右转 1 小步</td></tr>
<tr><td>0</td><td>0</td><td>0</td><td>1</td><td>右旋 1 步</td></tr>
<tr><td>1</td><td>1</td><td>1</td><td>1</td><td>右转 90 度</td></tr>
<tr><td>0</td><td>0</td><td>0</td><td>0</td><td>180 度掉头</td></tr>
<tr><td colspan="4">其他</td><td>停止</td></tr>
</table>

应用第 5 讲学习过的 if 语句可以实现以上算法程序，但是需要用到许多的 if 语句和条件判断，写完后程序可读性和可维护性比较差。这里使用 C 语言提供的 switch 语句来编写程序实现上述机器人游中国算法程序。

例程：RobotTourChina.c

```
#include <uart.h>
#include <BoeBot.h>

int right90Steps=48;                    //右转 90 度的脉冲数
int left90Steps=48;                     //左转 90 度的脉冲数
int UTurnSteps=48;                      //180 度掉头的脉冲数

int Get_4QTI_State(void)
{
    return P1&0xf0;
}
```

```
void MoveAStep(int LeftP,int RightP)
{
        P1_1=1;
        delay_nus(LeftP);
        P1_1=0;
        P1_0=1;
        delay_nus(RightP);
        P1_0=0;
        delay_nms(20);
}

void RightTurn(int steps)
{
        int i;
        for(i=0;i<steps;i++)
                MoveAStep(1700,1500);
}

void LeftTurn(int steps)
{
        int i;
        for(i=0;i<steps;i++)
                MoveAStep(1500,1300);
}
void Rotate(int steps)
{
        int i;
        for(i=0;i<steps;i++)
                MoveAStep(1700,1700);
}

void Backward(int steps)
{
        int i;
        for(i=0;i<steps;i++)
                MoveAStep(1300,1700);
}
```

```
void Follow_Line(void)
{
    int QTIState;
    int LeftPulse,RightPulse;

    QTIState=Get_4QTI_State();
    printf("4QTI= %4d ",QTIState);
    switch(QTIState)
    {
        case 0x10:      LeftPulse=1700;             //右转
                        RightPulse=1700;
                        break;
        case 0x30:      LeftPulse=1700;
                        RightPulse=1500;            //小幅右转
                        break;
        case 0x20:      LeftPulse=1700;             //前进
                        RightPulse=1300;
                        break;
        case 0x40:      LeftPulse=1700;             //前进
                        RightPulse=1300;
                        break;
        case 0x60:      LeftPulse=1700;             //前进
                        RightPulse=1300;
                        break;
        case 0x80:      LeftPulse=1300;             //左转
                        RightPulse=1300;
                        break;
        case 0xc0:      LeftPulse=1500;             //小幅左转
                        RightPulse=1300;
                        break;
        case 0xe0:      LeftTurn(left90Steps);      //左转 90 度
                        LeftPulse=1500;
                        RightPulse=1500;
                        break;
        case 0x70:      RightTurn(right90Steps);    //右转 90 度
                        LeftPulse=1500;
                        RightPulse=1500;
                        break;
```

```
            case 0xf0:      RightTurn(right90Steps);        //右转 90 度
                            LeftPulse=1500;
                            RightPulse=1500;
                            break;
            case 0x00:      Rotate(UTurnSteps);             //掉头
                            LeftPulse=1500;
                            RightPulse=1500;
                            break;
            default :       LeftPulse=1500;                 //停止
                            RightPulse=1500;
                            break;
        }
        MoveAStep(LeftPulse,RightPulse);
    }

    void main(void)
    {
        uart_Init();                                        //串口初始化
        printf("Program Running!\n");                       //在调试窗口显示一条信息
         while(1)
        {
          Follow_Line();
        }
    }
```

RobotTourChina.c 是如何工作的呢？

一开始，先定义了三个全局变量：

```
int right90Steps=48;                 //右转 90 度的脉冲数
int left90Steps=48;                  //左转 90 度的脉冲数
int UTurnSteps=48;                   //180 度掉头的脉冲数
```

作为机器人三种典型动作的变量。

之所以称为**全局变量**，是因为这些变量定义在所有函数之外，可以为本文件中所有函数所共用，无论是主函数还是子函数。全局变量又称为外部变量或者全程变量，它的有效范围从定义变量的位置开始到本源文件结束。相应地，在一个函数内部定义的变量是**局部变量**，它只在本函数范围内有效，也就是说，只有在本函数范围之内才能使用他们。比如，函数 Follow_Line( )中定义的变量只能在该函数内部使用。

int 是 C 语言定义的一种标准整型数据。定义 3 个全局变量并进行初始化赋值，是为了后续调试程序方便。机器人在使用过程中，会因为电池电量的消耗而影响运动速度，即使机器人执行的是同一个控制程序，电动机收到的是同样的控制指令，但执行结果可能因为电动机

获得能量不同而有所差别。此时可以稍微调整运动的步数，而使机器人的运动不致出现较大的偏差。更直观地说，在使用新电池、电量充沛时，这三个变量都是48，如果电量消耗较大导致机器人不能运动到位时，可以稍稍调大这三个变量，如49。当然，一切的最终数据都要依赖于最终的实验结果。

int Get_4QTI_State(void)函数直接采集4个QTI传感器的状态：将P1口输入寄存器状态与0xf0做与运算，选择P1_4、P1_5、P1_6和P1_7四位，将其他位置零，得到一个8位二进制数，结果放在8位整型数据的高4位，直接返回。

void MoveAStep(int LeftP,int RightP)函数定义机器人最基本（或者说最小）的运动动作，它的两个形式参数组合可以涵盖机器人所有的基本动作。

随后的4个函数定义了机器人完成任务所需的4种基本运动：以右轮为支点右转RightTurn，以左轮为支点左转LeftTurn，以中心为轴旋转Rotate和后退Backward，每个函数都用一个形式参数定义运动的大小。这样，这4个函数就可以完成各种不同步数的基本运动。

子函数Follow_Line ()是整个算法的核心，它首先定义3个局部变量：

```
int QTIState;
int LeftPulse,RightPulse;
```

第一个变量用来存储QTI传感器的状态，后面两个是机器人两个车轮的转速（也可以看作步长）。随后通过语句

```
QTIState=Get_4QTI_State();
```

调用QTI传感器检测函数，返回结果直接存储在局部变量QTIState中。后面的printf语句是作为调试之用，通过串口调试助手可以检查QTI传感器的返回值是否正常。调试好后，这条语句可以去掉。随后的switch语句依据QTI传感器返回的8位二进制数判断机器人的动作策略，决定前进、转弯还是掉头等。

switch语句

switch语句是一种多分支选择语句，其一般形式如下：

```
switch(表达式){
        case 常量表达式 1:   语句 1;break;
        case 常量表达式 2:   语句 2;break;
        …
        case 常量表达式 n:   语句 n;break;
        default:             语句 n+1;break;
}
```

其语义是，计算表达式的值，逐个与其后的常量表达式值相比较，当表达式的值与某个常量表达式的值相等时，即执行其后的语句。如表达式的值与所有case后的常量表达式均不相同时，则执行default后的语句。在每个case的语句后面必须有一个break语句来终止此次switch语句的执行，并执行switch后面的语句。如果没有break语句，程序将继续执行下面case语句后的语句，不再对该case后面的表达式进行判断，直到碰到break语句终止。

多个case语句可以共用一组执行语句。例如，以上程序中0x20、0x40和0x60后面的语句都一样，可以简写为：

```
case 0x20 :
case 0x40:
case 0x60 : LeftPulse=1700;
            RightPulse=1300;
            break;
```

还有一点需要注意，各 case 语句和 default 语句的出现次序不影响程序的执行结果。

这里，语句中每个 case 后面的常量数据前都有 0x，表示该数据是 1 个十六进制数据。十六进制数据与二进制数据最容易相互转换，只需将二进制数据从低到高位的每 4 位二进制转转成 1 位十六进制数即可。

在 switch 语句后调用一次 MoveAStep 执行决策结果，让机器人完成循线运动。

最后的主程序就很简单了，就是不断地调用 Follow_Line()子程序。

执行调试

将 RobotTouChina.c 输入计算机保存起来，并创建工程将其加入，编译、连接生成 HEX 文件。然后应用 AVR_Fighter 下载软件，将 HEX 执行文件下载到单片机上。下载时要记得先将连接到 P1_6 和 P1_7 上的 QTI 插针断开，才能正常下载。下载完成后就可以调试小车了。

如果 QTI 传感器一切工作正常，只需要在调试过程中根据电池电量的情况调整几个全局变量的初始值，就能够让机器人在场地上进行游中国的活动了。在游中国的调试过程中，会发现机器人存在以下几个问题：

① 机器人不能正常的停下。

② 如果将机器人放到起始点，不能正常地开始启动，必须将传感器放到黑线上黑线上才能正常启动。

③ 最要紧的是，如果传感器一切工作正常，没有意外，机器人并不能游览完所有景点：它不会去武汉，但是会绕着西安不停运动，进入死循环后再也出不来。

④ 最麻烦的是，QTI 传感器会因为外界环境光的影响而导致灵敏度不一样。因此，每到一个新的光照环境下，都需要对传感器的灵敏度进行测试，并调整其安装高度，让其能够正确识别算法中的各种状态。

问题①至问题③可以通过修改算法得到很好的解决，问题④则需要调整传感器的安装位置才能解决。

任务 5　修改算法实现机器人游中国

解决问题①至问题③的一个简捷方式是让机器人能够跟踪和记录到过的景点，当到达一些特殊的路口位置时，要根据当前到过的景点采取同任务 4 算法中描述的不同动作。根据任务 4 中的基本算法，首先确定机器人游中国的顺序：起始点（深圳）→福州→台北→杭州→上海→南京→武汉→北京→乌鲁木齐→西安→重庆→成都→拉萨→昆明→广州→长沙→深圳（起始点）。

当然，你可以修改任务 4 中的算法，让机器人先从长沙或者广州开始游历。活动的最终目的是要看哪个机器人能够用最少的时间游历完所有的景点。这其实就是人工智能中的经典问题。

根据以上确定的机器人游历路线，按照任务 4 中的运动算法执行，算法需要进行如下几处修改：

1）当机器人从南京返回后，碰到十字路口不能右拐，而应该直行。

2）机器人到达武汉返回后，碰到十字路口机器人必须左拐，而不能按照原来却省情况的右拐。

3）机器人从北京返回后，碰到两个有左转的丁字路口都必须直行，不能左拐。

4）机器人从乌鲁木齐返回后，碰到第一个十字路口必须左拐，而不是右拐，碰到第 2 个十字路口仍旧要左拐到达西安。

5）机器人从西安返回后，碰到十字路口必须执行，而不能右拐。

6）机器人从重庆返回后，碰到十字路口必须左拐，而不是右拐。

7）从重庆返回的第一个十字路口左拐后前进碰到第二个十字路口继续左拐到达成都。

8）从成都返回后碰到第一个十字路口，只能左拐。

9）机器人从长沙返回后碰到第一个十字路口，机器人必须左拐。

10）当机器人到达深圳后必须停止，不能继续运动。

将以上需要修改的部分添加到任务任务 4 的算法中，得到解决机器人游中国的一个通用算法：

1．检测 4 个 QTI 传感器的返回值。

2．根据 4 个 QTI 传感器的返回值，决定机器人的运动方式：

① 如果中间任何 1 个或者 2 个传感器检测到黑色，左右 2 个传感器都没有检测到黑色，机器人前进 1 步。

② 如果最左边的 2 个传感器检测到黑线，另外 2 个传感器没有检测到黑线，机器人左转 1 小步。

③ 如果最左边的 1 个传感器检测到黑线，另外 3 个传感器没有检测到黑线，机器人左转 1 步。

④ 如果左边的 3 个传感器检测到黑线，另外 1 个传感器没有检测到黑线，继续进行下面判断：如果机器人不是从北京返回的路上，左转 90 度；否则让机器人直行一小段距离跳过该路口。

⑤ 如果右边的 3 个传感器检测到黑线，另外 1 个传感器没有检测到黑线，机器人右转 90 度。

⑥ 如果最右边的 2 个传感器检测到黑线，另外 2 个传感器没有检测到黑线，机器人右转 1 小步。

⑦ 如果最右边的 1 个传感器检测到黑线，另外 3 个传感器没有检测到黑线，机器人右转 1 小步。

⑧ 如果 4 个传感器都检测到黑色，机器人到达 1 个十字路口，进行如下判断：

i　如果是从南京返回，让机器人直行通过该路口。

ii　如果机器人是从武汉返回，机器人左转 90 度。

iii　如果是从乌鲁木齐返回，机器人左转 90 度（执行 2 次）。

iv　如果是从西安返回，让机器人直行通过该路口。

v　如果是从重庆返回，机器人左转90度（执行2次）。

vi　如果是从成都返回，机器人左转90度。

vii　如果是从长沙返回，机器人左转90度。

viii　其他情况，机器人右转90度。

⑨ 如果4个传感器都检测白色，进行如下判断：

i　如果机器人刚开始运动，直行一段距离。

ii　如果机器人是从长沙过来，停止运动，任务完成。

iii　否则180度掉头，且标记已经到过的景点。

⑩ 如果传感器检测值出现其他情况，机器人停止运动。

3．不断重复步骤1和步骤2，直到机器人到达深圳结束。

实现以上算法的一个关键是要时刻知道机器人的运行状态，即刚刚到达过哪个景点。这可以通过在源文件开始位置再定义一个全局变量来进行跟踪：

```
int whereamI=0;
```

同时定义一个穿越十字路口的脉冲数作为全局变量，便于调整：

```
int crossSteps=5;
```

增加一个前进的子函数：

```
void Forward(int steps)
{
    int i;
    for(i=0;i<steps;i++)
        MoveAStep(1700,1300);
}
```

便于线跟踪子程序调用。

有了以上补充定义，按照算法修改部分改写子程序 Follow_Line()。具体修改后的代码如下：

```
void Follow_Line(void)
{
    int QTIState;
    int LeftPulse,RightPulse;

    QTIState=Get_4QTI_State();
    printf("4QTI= %4d ",QTIState);
    switch(QTIState)
    {
        case 0x10:    LeftPulse=1700;           //右转
                      RightPulse=1700;
                      break;
        case 0x30:    LeftPulse=1700;
                      RightPulse=1500;          //小幅右转
                      break;
        case 0x20:    LeftPulse=1700;           //前进
```

```
                        RightPulse=1300;
                        break;
        case 0x40:      LeftPulse=1700;                 //前进
                        RightPulse=1300;
                        break;
        case 0x60:      LeftPulse=1700;                 //前进
                        RightPulse=1300;
                        break;
        case 0x80:      LeftPulse=1300;                 //左转
                        RightPulse=1300;
                        break;
        case 0xc0:      LeftPulse=1500;                 //小幅左转
                        RightPulse=1300;
                        break;
        case 0xe0:
                        if(whereamI==7)                 //从北京出来
                            Forward(crossSteps);        //西安
                        else
                            LeftTurn(left90Steps);      //左转 90 度

                        LeftPulse=1500;
                        RightPulse=1500;
                        break;
        case 0x70:      RightTurn(right90Steps);        //右转 90 度
                        LeftPulse=1500;
                        RightPulse=1500;
                        break;
        case 0xf0:                                      //十字路口
                        switch(whereamI)
                        {
                        case 5:                         //南京
                        case 9:    Forward(crossSteps); //西安
                                   LeftPulse=1500;
                                   RightPulse=1500;
                                   break;
                        case 6:                         //武汉
                        case 8:                         //乌鲁木齐
                        case 10:
                        case 11:
                        case 15:
                                      LeftTurn(left90Steps); //左转 90 度
                                      LeftPulse=1500;
                                      RightPulse=1500;
                                      break;
                        default:RightTurn(right90Steps);
                                      LeftPulse=1500;
```

```
                        RightPulse=1500;
                        break;
                    }
        case 0x00:                                  //到达某个景点
                    switch(whereamI)
                    {
                case 0: Forward(crossSteps);        //起始点
                    break;
                case 15:LeftPulse=1500;             //结束点
                    RightPulse=1500;
                    break;
                default:Rotate(UTurnSteps);         //其他景点
                    whereamI++;
                    break;
                    }
        default :   LeftPulse=1500;         //停止
                    RightPulse=1500;
                    break;
    }
    MoveAStep(LeftPulse,RightPulse);
}
```

注意

以上子程序中既用到了 switch 语句的嵌套，又用到了 switch 语句和 if 语句的复合。

将这个修改好的子程序替换 RobotTourChina.c 中的相应子程序，进行编译、连接、下载和执行。只要传感器能够正常工作，整个程序就能够很好地完成机器人游的中国的任务。当然，在竞赛时这并不一定是最佳方案。最佳方案需要计算到底如何规划路径才能让机器人用的时间最少。这也是该竞赛项目的主要目的。

从程序的执行逻辑上来说，这个程序应该能够很好地完成机器人游中国的任务。但能否顺利地完成会受到许多偶然因素的影响，尤其是 4 个 QTI 传感器要区分 90 度的转弯和直行比较困难。在执行过程中，一丁点因素的影响都会导致机器人走乱，导致失败。因此，这个程序在某种程度上来说不具备竞赛的条件。有没有更可靠的解决方案呢？有两条途径可以提高程序的可靠性，一是增加 QTI 传感器的数量，有了更多的传感器就会具有更多冗余，能够更好地分辨出各种路口。当然，这种方法还是不能排除光线和环境对程序执行结果的影响。另一种方案是减少程序对传感器的依赖，使用数组来记录机器人路径来实现机器人游中国。下面先讨论采用数组来实现机器人游中国比赛任务。

任务 6　用数组实现机器人游中国比赛

第一个改进的方案是增加 QTI 传感器，让机器人能够更好分辨出 90 度弯口和直线跟踪的状态。在 4 个 QTI 传感器的两边各增加 1 个 QTI 传感器，这样就有 6 个 QTI 传感器，共有 64

个状态。要一一区分这 64 个状态与机器人位置状态之间的关系，需要进行大量的测试。当然可以采用一些比较简单的处理方法。因为真正有用的状态没有那么多。这个问题作为自己动手的课题，业余时间去做。

第二个改进的方案是减少对 QTI 传感的依赖，只使用 4 个 QTI 传感器跟踪直线，不用分辨弯角、甚至十字路口和景点。任务 5 规划的路径全部通过数据体现出来，具体的算法描述如下：

（1）循线行走到第 1 个丁字路口，90 度右转。

（2）循线行走到第左转路口，90 度左转。

（3）循线行走到第右转路口，90 度右转。

（4）循线行走到第福州景点，调头。

（5）……

当然，这样的算法没有任何的技巧，就是记流水账。但是在具体实现时可以采取一些技巧，让实现程序反而变得比任务 5 的实现程序更简洁。这里需要用到数组，将整个行走路程中的直线段需要用到的步数存储起来，然后通过调用直线循线程序行走相应的步数，再转弯或者掉头后，再次调用直线循线程序行走下一段路程相应的步数，如此而已。

根据任务中规划的路径，可以确定完成机器人游中国的任务总需要 46 段直线循线行走程序，如图 7-8 所示。图中给出了每段路径的编号。因此，在程序的开头定义一个 46 个数据的短整数数组。

```
int TourSteps[46];
```

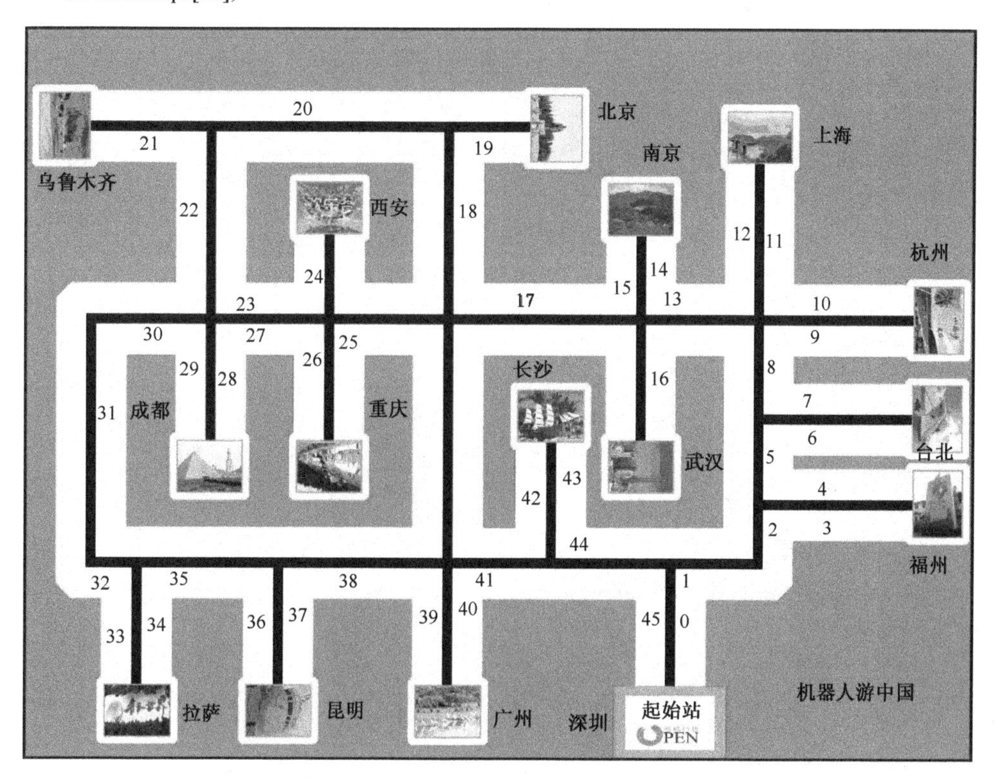

图 7-8　机器人游中国的线路规划图

数组中按照机器人路径存储了每一段直线行走的步数。每一段的步数需要根据实验确定。下面初始化数组的数据没有经过测试，只是一个估计值，需要在实际测试时修正。

```
//初始化数组
TourSteps[0]=65;                                        //测试值68
TourSteps[1]=12;
TourSteps[2]=6;
TourSteps[3]=TourSteps[4]=64;
TourSteps[5]=12;
TourSteps[6]=TourSteps[7]=64;
TourSteps[8]=15;
TourSteps[9]=TourSteps[10]=64;
TourSteps[11]=TourSteps[12]=64;
TourSteps[13]=45;
TourSteps[14]=20;
TourSteps[15]=70;
TourSteps[16]=50;
TourSteps[17]=72;//
TourSteps[18]=70;
TourSteps[19]=20;
TourSteps[20]=150;
TourSteps[21]=30;
TourSteps[22]=TourSteps[18];
TourSteps[23]=40;
TourSteps[24]=TourSteps[14];
TourSteps[25]=TourSteps[15];
TourSteps[26]=30;
TourSteps[27]=TourSteps[23];
TourSteps[28]=TourSteps[29]=TourSteps[16];
TourSteps[30]=50;
TourSteps[31]=70;
TourSteps[32]=10;
TourSteps[33]=TourSteps[34]=65;
TourSteps[35]=50;
TourSteps[36]=TourSteps[37]=65;
TourSteps[38]=60;
TourSteps[39]=TourSteps[40]=65;
TourSteps[41]=30;
TourSteps[42]= TourSteps[43]=40;
TourSteps[44]=30;
TourSteps[45]=65;
```

有了以上数据，算法实现的关键就是编写一个循线走一个具体步数的子程序。具体子程序如下：

```
void FollowLine(int steps)
{
    int QTIState;
    int LeftPulse,RightPulse;

    do
    {
        QTIState=Get_4QTI_State();
        switch(QTIState)
        {
            case 0x70:
            case 0x10:      LeftPulse=1700;          //右转
                            RightPulse=1700;
                            break;
            case 0x30:      LeftPulse=1700;
                            RightPulse=1500;         //小幅右转
                            break;
            case 0x80:      LeftPulse=1300;          //左转
                            RightPulse=1300;
                            break;
            case 0xc0:
            case 0xe0:      LeftPulse=1500;          //小幅左转
                            RightPulse=1300;
                            break;
            default :       LeftPulse=1700;          //前进
                            RightPulse=1300;
                            steps--;
                            break;
        }
        MoveAStep(LeftPulse,RightPulse);

    }while(steps>0);
}
```

有了以上数据和子程序，可以编写一个主程序来完成本任务中提出的机器人游中国算法。

```
void main(void)
{
    int i;
    int TourSteps[46];                    //路径数组

    uart_Init();                          //串口初始化
    printf("Program Running!\n");         //在调试窗口显示一条信息

    …                                     //初始化数组，将前面的初始化数据放在此处
    for(i=0;i<46;i++)
```

```
{
    FollowLine(TourSteps[i]);
    switch(i)
    {
        case 0:
        case 2:
        case 4:
        case 5:
        case 7:
        case 8:
        case 10:
        case 12:
        case 13:
        case 17:
        case 18:
        case 21:
        case 32:
        case 34:
        case 35:
        case 37:
        case 38:
        case 40:
        case 44:
                    RightTurn(right90Steps);
                    break;
        case 1:
        case 16:
        case 22:
        case 23:
        case 26:
        case 27:
        case 29:
        case 30:
        case 31:
        case 41:
        case 43:
                    LeftTurn(left90Steps);
                    break;
        case 3:
        case 6:
        case 9:
        case 11:
        case 14:
        case 15:
```

```
                case 19:
                case 20:
                case 24:
                case 25:
                case 28:
                case 33:
                case 36:
                case 39:
                case 42:
                                Rotate(UTurnSteps);
                                break;
                default:        break;
            }
        }
    while(1);
}
```

将本任务中的完成的 C 程序保存为 RobotTourWithArray.c 并为其创建工程，进行编译和连接。编译过程中发现，程序能够正常编译，但是在连接生成十六进制文件时出现警告和错误，如图 7-9 所示。

```
Build target 'Target 1'
compiling ch7-RobotTourChinaWithArray.c...
linking...
*** WARNING L16: UNCALLED SEGMENT, IGNORED FOR OVERLAY PROCESS
    SEGMENT: ?PR?_GETKEY?CH7_ROBOTTOURCHINAWITHARRAY
*** ERROR L107: ADDRESS SPACE OVERFLOW
    SPACE:   DATA
    SEGMENT: _DATA_GROUP_
    LENGTH:  0072H
Program Size: data=158.3 xdata=0 code=2218
Target not created
Build  Command  Find in Files
```

图 7-9　编译连接错误提示信息

其中的

ERROR L107: ADRESS SPACE OVERFLOW

表示**地址空间溢出**。所谓溢出，就是超过了其存储容量。溢出的概念在介绍 C 语言的数据类型时也已经提到。

紧接着的提示是具体溢出信息。SPACE : DATA 说明溢出的是数据空间，即数据地址空间溢出；SEGMENT: _DATA_GROUP_说明是数组段，即数据存储控制中用来存储数组的段落；LENGTH:0072H 给出的数据段长度信息，是一个十六进制数，转换成是进制就是 7×16+2=114，即 14 字节长度。改变数组大小，比如减少一个数据，则

```
int TourSteps[45];        //路径数组
```

重新编译和连接。连接错误仍然存在，错误编号等信息同前一次一样，只是长度信息变成了 0070H，表示数据段长度变成了 112，即减少了 2 字节的长度。通过这次实验知道，一个 int 数据在编译后占据了 2 字节。

逐步减少数组的大小，当数组减小到只存储 36 个数据时，连接不再报错，能够成功生成可下载的十六进制文件。此时可以推算出了数据段的长度是 94 字节。这是本书所用单片机

AT89S52 可以容许的最大数据段。

碰到这种情况，似乎本任务的算法是无法在单片机上实现了。有没有办法改进程序或者数据的定义，让单片机能够实现本讲的算法呢？当然有。通过对存储数据的分析发现，数组中存储的所有数据的制都没有大于 255 的。也就是说，它们虽然占据着 2 字节，实际上都只使用了 1 字节，高位字节的空间都浪费了。因此可以将数组定义成 8 位数据。在第二讲中已经提到，字符型数据在内存中只占 1 字节，而且它可以同整型数据通用，所以将数组定义修改如下：

```
unsigned charTourSteps[46];      //路径数组
```

其他程序不用做任何改动，重新编译连接，是不是成功生成了可执行的十六进制文件？

是的，生成了，连接没有再出现警告和错误，说明方案可行。下载执行该程序，是不是可以正常运行？

任务 7　改进运动执行程序提升执行的可靠性

任务 6 的算法程序依赖于各个运动函数执行的准确性或者说可靠性。如果按照任务 5 中提供的前进、以左轮为支点左转、以右轮为支点右转以及沿中心轴旋转等函数来完成任务 6 中的算法进行机器人游中国的比赛，会发现执行的可靠性非常低，要完成整个任务几乎完全不可能。这些子函数执行的机器人运动存在着很大的偶然性，用同一个参数执行同一个子程序，不同的执行时间执行结果可能完全不一样。这样就造成后续的程序无法正常工作，从而无法完成比赛任务。

造成这些问题的原因是这些运动函数没有考虑机器人的惯性。这些函数都是假设机器人和电动机没有质量，单片机给机器人发送一个运动指令，机器人立马就可以达到那个速度。事实上这是不可能的。受到惯量和外在环境的影响，机器人从零速到达指令设定速度的过程因为没有控制，完全是不可预知的。它一定会经历一段时间，而这段时间机器人运动过的距离就不可知，从而导致执行误差。

改进的办法是改写这些运动子函数，加入加速和减速的过程，让子函数能够按照我们的的期望尽可能地运动准确。这个技巧实际上在第 4 讲中已经用到。用第 4 讲中用到的方法来改写这些子程序，并尽量让这些子程序具有一定的适通用性，不仅在本讲的任务中有用，在以后的任务开发中也可以调用。

根据机器人的运动特征，按照以下代码编写和修改子程序：

```
//以右轮为支点转弯,带加减速
void RightTurn(int steps,int pulseLeft)
//pulseLeft:最大转弯速度;steps 最大速度转弯步数
//pulseLeft>1500:向前右转
//pulseLeft<1500:向后左转
{
      int pulses;

      if(pulseLeft>1500)
      {
```

```
        for(pulses=1500;pulses<pulseLeft;pulses+=AccStep)
            MoveAStep(pulses,1500);

        for(pulses=0;pulses<steps;pulses++)
            MoveAStep(pulseLeft,1500);

        for(pulses=pulseLeft;pulses>1500;pulses-=AccStep)
            MoveAStep(pulses,1500);
    }
    else
    {
        for(pulses=1500;pulses>pulseLeft;pulses-=AccStep)
            MoveAStep(pulses,1500);

        for(pulses=0;pulses<steps;pulses++)
            MoveAStep(pulseLeft,1500);

        for(pulses=pulseLeft;pulses<1500;pulses+=AccStep)
            MoveAStep(pulses,1500);
    }
}

//以左轮为支点转弯,带加减速
void LeftTurn(int steps,int pulseRight)
//pulseRight<1500:向前左转
//pulseRight>1500:向后右转
{
    int pulses;

    if(pulseRight>1500)
    {
        for(pulses=1500;pulses<pulseRight;pulses+=AccStep)
            MoveAStep(1500,pulses);

        for(pulses=0;pulses<steps;pulses++)
            MoveAStep(1500,pulseRight);

        for(pulses=pulseRight;pulses>1500;pulses-=AccStep)
            MoveAStep(1500,pulses);
    }
    else
    {
        for(pulses=1500;pulses>pulseRight;pulses-=AccStep)
            MoveAStep(1500,pulses);
```

```
            for(pulses=0;pulses<steps;pulses++)
                MoveAStep(1500,pulseRight);

            for(pulses=pulseRight;pulses<1500;pulses+=AccStep)
                MoveAStep(1500,pulses);
        }
}

//绕机器人中轴线转弯
void Rotate(int steps,int MaxVec)
{
    //MaxVec>0,顺时钟方向旋转，否则逆时钟方向旋转

    int pulses;

    if(MaxVec>0)
    {
        for(pulses=0;pulses<MaxVec;pulses+=AccStep)
            MoveAStep(1500+pulses,1500+pulses);

        for(pulses=0;pulses<steps;pulses++)
            MoveAStep(1500+MaxVec,1500+MaxVec);

        for(pulses=MaxVec;pulses>0;pulses-=AccStep)
            MoveAStep(1500+pulses,1500+pulses);
        }
        else
        {
            for(pulses=0;pulses<MaxVec;pulses-=AccStep)
                MoveAStep(1500+pulses,1500+pulses);

            for(pulses=0;pulses<steps;pulses++)
                MoveAStep(1500+MaxVec,1500+MaxVec);

            for(pulses=MaxVec;pulses>0;pulses+=AccStep)
            MoveAStep(1500+pulses,1500+pulses);
    }
}

//加速前进或者后退到最大速度，并运动一段距离
void SLMotionStartWithRamping(int steps,int MaxVec)
{
    //MaxVec>0，前进，否则后退
```

```
        //steps 前进或者后退的步数

        int pulses;

        if(MaxVec>0)
        {
            for(pulses=0;pulses<MaxVec;pulses+=AccStep)
                MoveAStep(1500+pulses,1500-pulses);

            for(pulses=0;pulses<steps;pulses++)
                MoveAStep(1500+MaxVec,1500-MaxVec);
        }
        else
        {
            for(pulses=0;pulses<MaxVec;pulses-=AccStep)
                MoveAStep(1500+pulses,1500-pulses);

            for(pulses=0;pulses<steps;pulses++)
                MoveAStep(1500+MaxVec,1500-MaxVec);

        }
    }

    //从直线运动最大速度逐步停下
    void SLMotionStopWithRamping(int MaxVec)
    {
        int pulses;

        if(MaxVec>0)
            for(pulses=MaxVec;pulses>0;pulses-=AccStep)
                MoveAStep(1500+pulses,1500-pulses);
        else
            for(pulses=MaxVec;pulses<0;pulses+=AccStep)
                MoveAStep(1500+pulses,1500-pulses);
    }
```

前面的 3 个子程序都带有 2 个形式参数，第 1 个参数代表最大转弯速度的步数，第 2 个参数代表最大的转弯速度。实际的转弯角度等于最大转速速度乘以步数加上加速到最大转弯速度转过的角度，再加上从最大转速度减速停下走过的角度。因此，任何一个转弯角度都可以通过设定这两个参数来获得。在函数实现过程中都用到了一个全局变量：加速步长。

```
    char AccStep=10;            //AccStep 最大取值 100,最小取值 1
```

加速步长定义为一个 8 位字符类型。根据所用伺服电动机的运动特性，不考虑方向时，其最大速度范围为 0～200。因此可以限定其最大值为 100，最小取值为 1。在定义代码的后面加了一个注释，说明其取值范围。

函数

void SLMotionStartWithRamping(int steps,int MaxVec)

让机器人逐步加速到最大速度 MaxVec，然后以最大速度前进 steps 指定的步数。前进的方向由 MaxVec 决定，最大速度大于 0 时，为前进，小于 0 时，为后退。函数

void SLMotionStopWithRamping(int MaxVec)

则是从最大速度的运行状态逐步停下来，而不是急停。

以最大速度循线一段距离的函数 FollowLine(int steps)无需修改。

对主程序的循环进行相应的修改，具体参考如下代码：

```
for(i=0;i<46;i++)
{
    //出发加速到最大速度
    SLMotionStartWithRamping(1,200);
    FollowLine(TourSteps[i]);
    SLMotionStopWithRamping(200);//减速停止

    switch(i)
    {
        case 0:
        case 2:
        case 4:
        case 5:
        case 7:
        case 8:
        case 10:
        case 12:
        case 13:
        case 17:
        case 18:
        case 21:
        case 32:
        case 34:
        case 35:
        case 37:
        case 38:
        case 40:
        case 44:
                RightTurn(right90Steps,1700);
                break;
        case 1:
        case 16:
        case 22:
        case 23:
        case 26:
```

```
            case 27:
            case 29:
            case 30:
            case 31:
            case 41:
            case 43:
                        LeftTurn(left90Steps,1300);
                        break;
            case 3:
            case 6:
            case 9:
            case 11:
            case 14:
            case 15:
            case 19:
            case 20:
            case 24:
            case 25:
            case 28:
            case 33:
            case 36:
            case 39:
            case 42:
                        Rotate(UTurnSteps,200);
                        break;
            default:    break;
        }
    }
```

按照以上程序修改程序后，即可编译生成可执行文件，下载执行调试。如果所有的数据都正确，程序应该能够完成整个任务。但现在程序中的数据都不正确，需要经过调试来确定程序中的数据。

通过调试来确定每一段路径的步长，即确定路径数组中的数据大小，以及每个转弯的步长。具体调试步骤如下：

① 先只让主程序执行一次循环，即修改循环控制 for(i=0;i<46;i++)为 for(i=0;i<1;i++)，再编译连接、下载和执行，看看机器人的运动路径。如果过了丁字路口，减小 TourSteps[0]，如果不到，增加 TourSteps[0]。直到调整到机器人的 4 个传感器刚好覆盖到丁字路口黑线上。同时调整右转 90 度步数。让机器人右转后刚好停在黑线上面。

② for(i=0;i<1;i++)修改成 for(i=0;i<2;i++)，编译下载和执行，调整 TourSteps[1]和左转 90 度的步长值，直到机器人能够正好左转到下一段前进路径上面。

③ 按照上面的方法一直修改和调整相应的数据，直到机器人能够完成任务。

这是一个相当费时的工作。要获得精确的数据，只能采用此方法。当然，在调试过程中，每次机器人都必须从同一个起点出发，否则后续调整出的数据也会无效。另外，经过两三次调试获得数据，其实可以很快地计算出加减速时段机器人前进的距离和全速循线前进时机器人的平均速度。有了这两个数据，再通过测量每段路径的长度，可以基本确定每一段路径对应的机器人全速循线前进的步数。

在调试前，先确定加减速步长如下：

```
char AccStep=20;                //AccStep 最大取值 100,最小取值 1
```

在以上加减速步长的情况下，通过调试，确定 3 个精确转弯的全局变量数值如下：

```
int right90Steps=28;            //右转 90 度的脉冲数
int left90Steps=28;             //左转 90 度的脉冲数
int UTurnSteps=30;              //180 度掉头的脉冲数
```

这些数值显然同没有加减速的子函数所需的步数要小，因为加减速本身机器人也在转动。

同时通过调试，确定了前 14 段直线路径机器人需要循线的步数如下：

```
TourSteps[0]=44;
TourSteps[1]=0;
TourSteps[2]=0;
TourSteps[3]=TourSteps[4]=48;
TourSteps[5]=0;
TourSteps[6]=TourSteps[7]=48;
TourSteps[8]=5;
TourSteps[9]=TourSteps[10]=48;
TourSteps[11]=TourSteps[12]=48;
TourSteps[13]=17; //Done
```

经过实际的测试，采用以上数据，机器人基本能够准确的走到南京前的十字路口，并面向南京准备前进。经过多次测试，机器人准确行进的概率大于 60%。

该你了

继续任务 7 的调试过程，确定每一段路径的循线前进步数。

工程素质和技能归纳

① QTI 循线传感器的工作原理和电气接口。

② QTI 传感器数据读入和测试。

③ 程序算法的概念和算法的描述方法。

④ 分支结构程序的设计。

⑤ 以传感器反馈为核心的算法和程序实现。

⑥ 以数据为核心的算法和程序实现。

⑦ 改写运动子函数，让机器人能够精确的运动。

⑧ 调试程序确定数组数据。

⑨ 全局变量和局部变量的概念。

科学精神的培养

① 通过本讲的算法设计和 C 语言实现，能否归纳出一个程序由数据和算法组成这个概念？

② 通过改进机器人运动子函数，归纳出在没有反馈的情况下，提高机器人运动精度的方法。

③ 机器人循线过程中，因为调整运动方向会导致比较大的运动误差。所以该函数在执行过程中存在比较大的不确定性。有没有办法让循线子函数的执行也具有比较高的可靠性？

④ 利用任务 7 编写的精确运动子程序，改写任务 5 的算法，看看是否能够进一步提升程序的执行可靠性。

⑤ 改写运动子程序，让每个子程序的加速度成为形式参数。

给机器人安装上触须，通过触须的触碰来判断机器人是否到达某一个景点时，改写程序实现机器人游中国。

第二部分

综合实践案例

第8讲　教育机器人智能搬运比赛

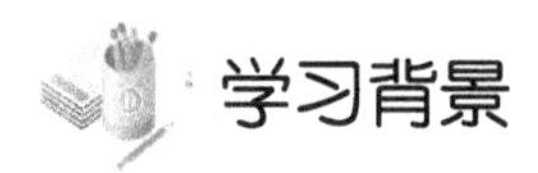

学习背景

中国教育机器人大赛的智能搬运竞赛是模仿无人搬运车（AGV）的工作过程，要求它们在规定的时间内将指定的原理物料精确搬运到特定的位置，整个搬运过程不需要驾驶员的操作，而且当原料物料块的位置改变时，机器人能重新规划路径完成搬运任务。

通过机器人智能搬运竞赛，将综合应用本书学到的各种C语言知识，并进一步体会算法作为程序灵魂、数据作为程序处理对象的重要性。

竞赛任务

机器人智能搬运是中国教育机器人大赛设立的趣味比赛项目，基本任务是设计一个基于8位单片机的小型轮式移动机器人，从比赛场地的起始点出发，在比赛场地中移动，将不同颜色、形状或者材质的物体分类搬运到不同的对应位置。比赛的记分根据机器人将物体放置位置的精度和完成时间来决定成绩的高低。它模拟了工业自动化过程中自动化物流系统实际工作过程。机器人智能搬运比赛场地如图8-1所示。这是一个1.5m×1.6m的长方形场地，场地材质为灯布，场地上的图案采用彩色喷绘一次成形。场地内圆为原料物料存放区，内圆上有A、B、C、D、E五个特定的物料存放区。物料使用5个直径和高度均为40mm的圆柱，颜色分别为黄色、白色、红色、黑色、蓝色。外侧的多边形上有5个颜色的圆环点，每个点都有固定的颜色，只能堆放对应颜色的物料。每个物料存放点周围都有均匀分布的同心圆，用来确定物料堆放位置的准确度，从里到外分值依次降低。

初级比赛在A、B、C、D、E五个特定的物料存放区上面放置颜色块，不同的物料数目对应的问题难度也不一样。2011年的中国教育机器人大赛智能搬运比赛的标准任务是在A、C、E三个位置随机放置3种颜色的物料，要求机器人在3分钟内将这3个物料搬运到对应颜色位置，根据3个物料位置的放置精度决定成绩。2012年的标准比赛是在A、B、D、E四个位置随机放置4种颜色的物料，要求机器人在3分钟内将这4个物料搬运到对应的位置。更高级别的比赛包括全部5个物料的搬运，以及在场地内圆随意放置5个数量以内的物料，或者更多的物料，要求机器人分类搬运或者码垛。总而言之，智能搬运比赛任务的复杂度可以根据参赛队伍的水平和层次灵活定义。

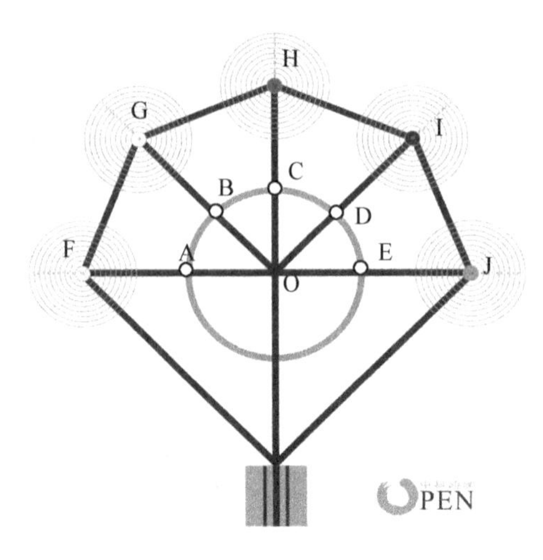

图 8-1　机器人智能搬运竞赛场地图

本讲以 2011 年的比赛任务为例，设计和制作机器人来完成搬运比赛任务。为了尽可能简单，本讲的算法设计也只基于 4 个 QTI 循线传感器。

任务 1　给机器人安装循线传感器和搬运手爪

根据比赛场地图的特征，智能搬运机器人的四个循线传感器采用一种新的安装方式：两个传感器通过铜螺柱直接安装在机器人底盘上，相对于机器人中轴线对称安装，两者的距离正好可以跨在黑色引导线上，且都检测不到黑色引导线；另外两个 QTI 传感器通过两个连杆安装到距离机器人前端较远的地方，且间距比较大，也是对称分布，如果 8-2 所示。同时，用两个螺钉和螺母将图 8-3 所示的搬运手爪安装到机器人前端，安装好传感器和搬运手爪的机器人如图 8-4 所示。较近的两个传感器用来循线，而较远的传感器用来探测前方是否快要到达路口。

QTI 传感器安装好后，需要将其电气接口连接到单片机上，为了下载程序方便，本讲将 4 个 QTI 传感器分别连接到 P1.2、P1.3、P1.4 和 P1.5，具体如下。

相对于机器人前进方向而言：

左边远端 QTI 传感器连接到 P1.3，近端传感器连接到 P1.2；

右边远端 QTI 传感器连接到 P1.5，近端传感器连接到 P1.4。

因为 P1.2 和 P1.3 在机器人左上角有 2 个三 PIN 插针，可以直接将 QTI 传感器插口插到这两个插口上，省去了在面包板上的接线麻烦。另外两个传感器只能按照第 7 讲的方法，通过在面包板上连线接入单片机。

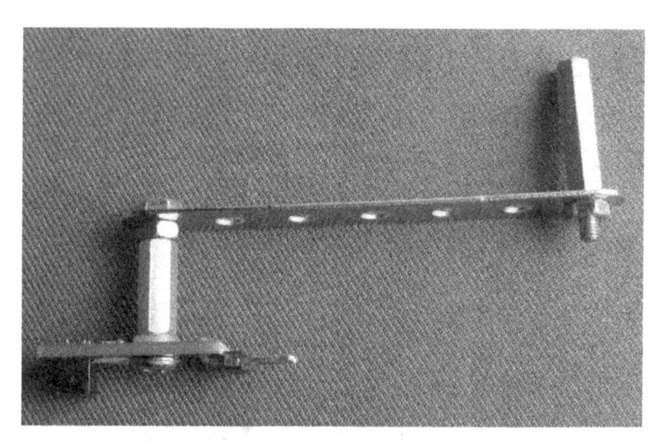

图 8-2　远端 QTI 传感器安装连接示意图

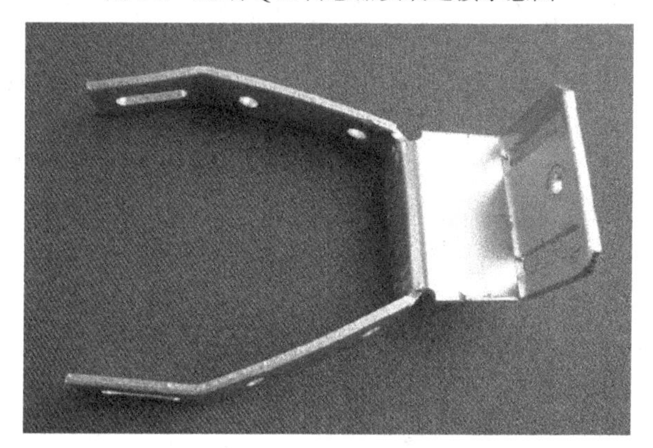

图 8-3　搬运手爪

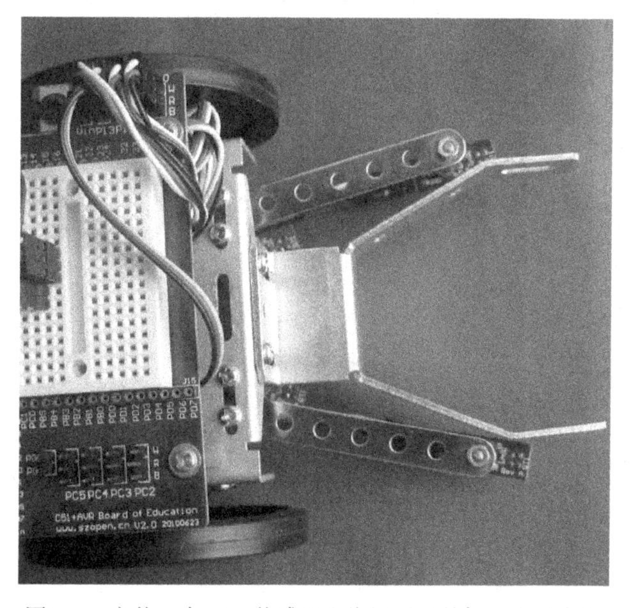

图 8-4　安装 4 个 QTI 传感器和搬运手爪的机器人示意图

任务2　根据比赛任务设计算法

根据比赛任务，分析得出完成任务的基本步骤，即算法如下：

算法描述

（1）循线到O点。

（2）循线到达C点。

（3）到达C点后，根据色块颜色完成如下步骤：

i　如果是红色，直接将色块往前搬运循线推到H点；然后后退掉头，循线回到O点，右转90度，循线到A点，继续第4步。

ii　如果是白色，循线到H点，左转约120度然后循线到G点，后退掉头，循线回到H点，右转约120度，循线回到O点，右转90度，慢速循线到A点，继续第4步。

iii　如果是黄色，循线到H点，左转120度，然后循线到G点再到F点，倒退，掉头经G点右转，循线回到O点，再到A点，继续第4步。

iv　如果是黑色，循线到H点，右转然后循线到I点，倒退掉头，循线回到O点，再到A点，继续第4步。

v　如果是蓝色，循线到H点，右转然后循线到I点再到J点，倒退，掉头经I点左转，循线回到O点，再到A点，继续第4步。

（4）根据A点色块颜色完成如下步骤；

i　如果是红色，掉头循线回到O点，再到H点，掉头，回到O点，再到E点，继续第5步。

ii　如果是白色，掉头循线回到O点，左转135度然后循线到G点，倒退，掉头，循线回到O点，再到E点，继续第5步。

iii　如果是黄色，直接循线到到F点，倒退，掉头循线回到O点，再到E点，继续第5步。

iv　如果是黑色，掉头循线回到O点，左转45度然后循线到I点，倒退，掉头，循线回到O点，再到E点，继续第5步。

v　如果是蓝色，检查C点色块是不是黑色：

a）如果不是，掉头循线回到O点，左转45度再循线到I点，右转循线到J点，倒退，掉头，原路循线回到O点，再到E点，继续第5步。

b）如果是，掉头循线回到O点，右转90度再循线到出发区，左转约135度，再循线到J点，倒退，掉头，原路循线回到O点，再到E点，继续第5步。

（5）根据E点色块颜色完成如下步骤：

i　如果是红色，掉头循线回到O点，再到H点，掉头，回到O点，再到出发区，结束。

ii　如果是白色，掉头循线回到O点，右转45度再循线到G点，倒退，掉头，循线回到O点，再到出发区，结束。

iii　如果是蓝色，直接循线到J点，倒退，掉头循线回到O点，再到出发区，结束。

iv 如果是黑色，掉头循线回到 O 点，右转 135 度再循线到 I 点，倒退，掉头，循线回到 O 点，再到出发区，结束。

v 如果是黄色，掉头循线回到 O 点，再循线到 F 点，倒退，掉头，原路循线回到出发区，结束。

任务 3　定义运动数据结构体存储运动数据

任务 2 算法中有大量转弯运动和直线运动，无论是左转、右转还是直线运动，都包括运动速度和步数两个参数。这两个数据是一个有机的整体，初始化和刷新都要同时进行。所以，最好将这 2 个运动数据放在一起，构成一个有机整体，便于引用。

C 语言允许用户自己定义一种数据结构，称为结构体（structure），相当于其他高级语言中的“纪录”。

定义转弯运动数据结构体类型：

```
struct motion
{
    unsigned char steps;    //取值范围 0～255
    int speedpulse;         //左轮或者右轮的速度脉冲，或者两轮的速度脉冲，范围-200～200
};
```

结构体

结构体可以将不同类型的变量放到一起，组成一个复合的复杂变量，以表示某些工程对象或者系统的多元特征。

在实际问题中，一些对象或者系统的特征往往具有不同的数据类型，而编写程序时，你肯定希望能够把同一个对象或者系统的特征放到一个数据变量中，以便于阅读、分析和检查。例如，在学生登记表中，描述一个学生的特征，包括姓名、学号、年龄、性别和成绩等，你希望有一个数据结构能够包括所有这些特性，但这些特征中姓名应为字符型；学号可为整型或字符型；年龄应为整型；性别应为字符型；成绩可为整型或实型。显然你不能用一个数组或者其他已经学习过的数据类型来存放这些数据。前面学过的数组可以存放多个数据，但这些数据必须是同一个类型。

为了解决这个问题，C 语言给出了一种构造数据类型——“结构（structure）”或“结构体”。“结构”是一种构造类型，它是由若干“成员”组成的。结构的每个成员可以是一个基本数据类型或者是另一个已经定义好的构造类型。结构既然是一种“构造”而成的数据类型，那么在说明和使用之前必须先定义它，也就是构造它。如同在说明和调用函数之前要先定义函数一样。

定义一个结构的一般形式为：

```
struct 结构名
{成员列表};
```

成员列表由若干个成员组成，每个成员都是该结构的一个组成部分。对每个成员也必须进行类型说明，其形式为：

类型说明符　成员名;

成员名的命名应符合标志符的书写规定。例如，可以将前面例子中的学生登记表中的学生定义成一个结构：

```
struct stu
{
    int num;
    char name[20];
    char sex;
    float score;
};
```

在这个结构定义中，结构名为 stu，该结构由 4 个成员组成。第 1 个成员为 num，整型变量；第 2 个成员为 name，字符数组；第 3 个成员为 sex，字符变量；第 4 个成员为 score，实型变量。应注意在大括号后的分号是不可少的。

结构定义之后，即可进行变量说明。凡说明为结构 stu 的变量都由上述 4 个成员组成。由此可见，结构是一种复杂的数据类型，是数目固定、类型不同的若干有序变量的集合。

说明结构变量有以下 3 种方法。

（1）先定义结构，再定义结构变量。如

```
struct stu
{
    int num;
    char name[20];
    char sex;
    float score;
};
struct stu boy1,boy2;
```

定义了两个变量 boy1 和 boy2 为 stu 结构类型。

（2）在定义结构类型的同时定义结构变量，如：

```
struct stu
{
    int num;
    char name[20];
    char sex;
    float score;
}boy1,boy2;
```

这种说明形式的一般形式为：

```
struct 结构名
{
    成员列表
}变量名列表;
```

（3）直接定义结构变量，如：

```
struct
{
```

```
        int num;
        char name[20];
        char sex;
        float score;
    }boy1,boy2;
```

这种说明形式的一般形式为：

```
    struct
    {
        成员列表
    }变量名列表;
```

第三种方法与第二种方法的区别在于第三种方法中省去了结构名，而直接给出结构变量。三种方法中说明的 boy1、boy2 变量都具有如图 8-5 所示的结构。

num	name	sex	score

图 8-5　结构变量 boy1、boy2 结构

说明了 boy1、boy2 变量为 stu 类型后，即可向这两个变量中的各个成员赋值。在上述 stu 结构定义中，所有的成员都是基本数据类型或数组类型。

成员也可以又是一个结构，即构成了嵌套的结构。例如，图 8-6 给出了另一个数据结构。

num	name	sex	birthday			score
			day	month	year	

图 8-6　嵌套式数据结构

结构变量成员的表示方法

在程序中使用结构变量时，往往不把它作为一个整体来使用。一般对结构变量的使用，包括赋值、输入、输出、运算等都是通过结构变量的成员来实现的。

表示结构变量成员引用的一般形式是：

```
    结构变量名.成员名
```

例如：

```
    boy1.num                    第一个人的学号
    boy2.sex                    第二个人的性别
```

如果成员本身又是一个结构，则必须逐级找到最低级的成员才能使用。

例如：

```
    boy1.birthday.month         第一个人出生的月份成员
```

结构变量的成员可以在程序中单独使用，与普通变量完全相同。

结构变量的赋值

结构变量的赋值就是给各成员赋值，可用输入语句来完成，如：

```
    boy1.num=102;
    boy2.sex='M';
```

结构变量的初始化

与其他类型变量一样，对结构变量可以在定义时进行初始化赋值。例如：

```
struct stu
{
        int num;
        char *name;
        char sex;
        float score;
}boy2,boy1={102,"Zhang ping",'M',78.5};
```

根据场地特征和算法要求，定义各种转弯数据结构体。

```
struct motion RTurn90={28,200};         //以右轮为支点右转 90 度
struct motion RTurn120={44,200};        //以右轮为支点右转 120 度
struct motion RTurn45={14,150};         //以右轮为支点右转 45 度
struct motion RTurn30={5,150};
struct motion RTurn135={52,200};
struct motion Rot135={20,200};          //绕轴心旋转 135 度
struct motion Rot180={30,200};          //绕轴心旋转 180 度
```

以上各种精确数据的获得必需通过实际的测试获得。即使同样是 90 度的转弯，以左轮为支点或者以右轮为支点的旋转步数要求可能都会不一样，因为执行时不同电动机的速度特性和尾轮摩擦系数都不完全一样。实际测试时，直接调用相应的运动函数。为了程序模块化，将这些标准函数存为另外一个标准文件，通过文件包含的形式将这些函数全部包含进来。具体操作方式由任务 4 完成。

以上数据中，右转 90 度、右转 120 度和右转 45 度的数据以及绕轴心旋转 135 度和 180 度的数据是在电动机供电电压为 5V 和供电电池为大容量里电池的情况下测试获得的标准数据。其他几个数据作者并没有进行精确测试，而是估计值。正式使用时必须进行实际测试和校准。

任务 4　将运动函数存成另外的文件包含进来

将第 7 讲介绍的各种带加减速的标准运动函数做成一个标准 C 文件，存为 Motion.c。为了统一数据结构成员变量的含义，在这里对标准函数的形式参数进行了统一。

```
//Motion.c ---标准运动函数源文件

unsigned char AccStep=20;           //AccStep 最大取值 100,最小取值 1

void MoveAStep(int LeftP,int RightP)
{
      P1_1=1;
      delay_nus(LeftP);
      P1_1=0;
      P1_0=1;
```

```
        delay_nus(RightP);
        P1_0=0;
        delay_nms(20);
}

//以右轮为支点转弯,带加减速
void RightTurn(unsigned char steps,int pulseLeft)
//pulseLeft：最大转弯速度;steps：最大速度转弯步数
//pulseLeft>0：向前右转；pulseLeft<0：向后左转
{
        int pulses;

        if(pulseLeft>0)
        {
                for(pulses=0;pulses<pulseLeft;pulses+=AccStep)
                        MoveAStep(1500+pulses,1500);

                for(pulses=0;pulses<steps;pulses++)
                        MoveAStep(1500+pulseLeft,1500);

                for(pulses=pulseLeft;pulses>0;pulses-=AccStep)
                        MoveAStep(1500+pulses,1500);
        }
        else
        {
                for(pulses=0;pulses>pulseLeft;pulses-=AccStep)
                        MoveAStep(1500+pulses,1500);

                for(pulses=0;pulses<steps;pulses++)
                        MoveAStep(1500+pulseLeft,1500);

                for(pulses=pulseLeft;pulses<0;pulses+=AccStep)
                        MoveAStep(1500+pulses,1500);
        }
}

//以左轮为支点转弯，带加减速
void LeftTurn(unsigned char steps,int pulseRight)
//pulseRight<0：向前左转
//pulseRight>0：向后右转
{
        int pulses;

        if(pulseRight>0)
```

```
    {
        for(pulses=0;pulses<pulseRight;pulses+=AccStep)
            MoveAStep(1500,1500+pulses);

        for(pulses=0;pulses<steps;pulses++)
            MoveAStep(1500,1500+pulseRight);

        for(pulses=pulseRight;pulses>1500;pulses-=AccStep)
            MoveAStep(1500,1500+pulses);
    }
    else
    {
        for(pulses=0;pulses>pulseRight;pulses-=AccStep)
            MoveAStep(1500,1500+pulses);

        for(pulses=0;pulses<steps;pulses++)
            MoveAStep(1500,1500+pulseRight);

        for(pulses=pulseRight;pulses<0;pulses+=AccStep)
            MoveAStep(1500,1500+pulses);
    }
}

//绕机器人中轴线转弯
void Rotate(unsigned char steps,int MaxVec)
{
    //MaxVec>0，顺时钟方向旋转，否则逆时钟方向旋转

    int pulses;

    if(MaxVec>0)
    {
        for(pulses=0;pulses<MaxVec;pulses+=AccStep)
            MoveAStep(1500+pulses,1500+pulses);

        for(pulses=0;pulses<steps;pulses++)
            MoveAStep(1500+MaxVec,1500+MaxVec);

        for(pulses=MaxVec;pulses>0;pulses-=AccStep)
            MoveAStep(1500+pulses,1500+pulses);
    }
    else
    {
        for(pulses=0;pulses<MaxVec;pulses-=AccStep)
```

```
            MoveAStep(1500+pulses,1500+pulses);

        for(pulses=0;pulses<steps;pulses++)
            MoveAStep(1500+MaxVec,1500+MaxVec);

        for(pulses=MaxVec;pulses>0;pulses+=AccStep)
            MoveAStep(1500+pulses,1500+pulses);
    }

}

//加速前进或者后退到最大速度，并运动一段距离
void SLMotionStartWithRamping(unsigned char steps,int MaxVec)
{
    //MaxVec>0，前进，否则后退
    //steps：前进或者后退的步数

    int pulses;

    if(MaxVec>0)
    {
        for(pulses=0;pulses<MaxVec;pulses+=AccStep)
            MoveAStep(1500+pulses,1500-pulses);

        for(pulses=0;pulses<steps;pulses++)
            MoveAStep(1500+MaxVec,1500-MaxVec);
    }
    else
    {
        for(pulses=0;pulses<MaxVec;pulses-=AccStep)
            MoveAStep(1500+pulses,1500-pulses);

        for(pulses=0;pulses<steps;pulses++)
            MoveAStep(1500+MaxVec,1500-MaxVec);
    }

}

//从直线运动最大速度逐步停下
void SLMotionStopWithRamping(int MaxVec)
{
    int pulses;

    if(MaxVec>0)
```

```
            for(pulses=MaxVec;pulses>0;pulses-=AccStep)
                MoveAStep(1500+pulses,1500-pulses);
        else
            for(pulses=MaxVec;pulses<0;pulses+=AccStep)
                MoveAStep(1500+pulses,1500-pulses);
    }

    //加速前进或者后退到最大速度，并运动一段距离，减速停止
    void SLMotionWithRamping(unsigned char steps,int MaxVec)
    {
        //MaxVec>0,前进，否则后退
        //steps 前进或者后退的步数
        SLMotionStartWithRamping(steps,MaxVec);
        SLMotionStopWithRamping(MaxVec);
    }
```

在该文件的一开始，定义了一个整个文件都可以使用的全局变量——加速步长，并把它初始化为20。例如：

```
unsigned char AccStep=20;          //AccStep 最大取值 100,最小取值 1
```

这是一个无符号的字符型变量，最大取值范围为0～255，但是这里根据电动机特性，其最大值约定为最大100，最小为1。这里只是约定，为了提高程序的可靠性，可以修改程序让每个函数在执行时判断一下该加速步长参数是否在约定的范围内，特别是当这个变量可以被别的程序修改时，这个判断就非常重要。这里因为不会被别的程序或者函数修改，所以各个函数在使用这个变量时没有对它进行判别。

在主文件中，通过如下语句将所有标准运动函数包含进来：

```
#include <Motion.c>
```

这个包含在编译时，要放在其他头文件之后，因为它里面函数的编译要用到其他的一些定义和资源，即按照如下方式：

```
#include <uart.h>
#include <BoeBot.h>
#include <Motion.c>
…
```

“文件包含”处理

所谓“文件包含”处理，是指一个源文件可以将另一个源文件的全部内容包含进来，即将另外的文件包含到本文件之中。C语言提供了#include命令来实现“文件包含”的操作。其一般形式为

```
#include “文件名”
```

或者

```
#include <文件名>
```

"文件包含"命令非常有用，可以节省程序设计人员的重复劳动。实际上，在学习C语言的一开始，就已经用到了"文件包含"命令。为了快速利用单片机的资源，利用文件包含命令将单片机的串口通信设置和初始化程序包含了进来，即利用了单片机公司程序设计人员的劳动。C 语言提供了大量的标准函数，做成了标准库，你只需通过包含头文件的形式将他们包含进来就可以随意使用，另外，你还可以将自己写成的一些函数做成标准文件，在开发不同项目时包含进来。这就是C语言的魅力所在！

任务5　循线运动函数的设计与实现

本任务设计的循线运动算法是完成任务的关键步骤，根据任务2算法要求，为了提高程序执行的可靠性和准确度，该函数算法将综合运动数据和传感器数据两种信息。具体算法描述如下：

循线到某个目标节点的算法

算法输入：循线运动的目标节点，快速循线最小步数和慢速最小循线步数，快速循线速度和慢速循线速度，以及传感器探测步长范围等。

算法步骤：

（1）首先以快速循线速度完成快速循线最小步数，然后开始检测远端两个传感器的数据，根据这两个数据和循线的步数确定何时结束快速循线循环。

（2）快速循线循环结束后进入慢速循线循环：根据目标节点的类型采取不同的策略。慢速循线的目的就是让机器人能够准确停在目标节点上。

具体的实现代码如下：

```
int FastSpeed=200;                         //快速循线速度
int SlowSpeed=50;                          //慢速循线速度
int ErrorSteps=5;

int LFQti;                                 //left front
int LBQti;                                 //left behind
int RFQti;
int RBQti;

void Get_4QTI_State(void)
{
    int qtistate;
    qtistate=P1&0x3c;
    LFQti=(qtistate&0x08)?1:0;
    RFQti=(qtistate&0x04)?1:0;
    LBQti=(qtistate&0x20)?1:0;
    RBQti=(qtistate&0x10)?1:0;
}

//快速循线到远端传感器检测到路口，再慢速循线到近端传感器，到达路口
```

```
void FollowLineToMark(int Mark,int FastSteps,int SlowSteps)
//Mark = 0: 十字路口
//Mark = 1: 左转 90 度弯口
//Mark = 2: 右转 90 度弯口
//FastSpteps: 快速循线步数
//SlowSteps: 慢速循线步数
{
    int LeftPulse,RightPulse;
    int stepscounter=0;
    //首先快速循线到
    if(FastSteps>0)
    {
        do
        {
            Get_4QTI_State();
            if(!LBQti&&RBQti)
            {
                LeftPulse=1500+FastSpeed;       //右转调整
                RightPulse=1500;//1300+LargeStep;
            }
            else if(LBQti && !RBQti)
            {
                LeftPulse=1500;                 //左转调整
                RightPulse=1500-FastSpeed;      //1300+LargeStep;
            }
            else
            {
                LeftPulse=1500+FastSpeed;       //前进
                RightPulse=1500-FastSpeed;      //1300+LargeStep;
            }
                stepscounter++;
                MoveAStep(LeftPulse,RightPulse);
                if(stepscounter>FastSteps)
                    if(LFQti||RFQti) break;  //任何一个前端 QTI 检测到黑线，中断循环
        }while(stepscounter<(FastSteps+ErrorSteps));
    }

    //慢速循线到路口
    if(Mark>0)                                  //左转或者右转路口
    {                                           //直接慢速走到路口
        for(stepscounter=0;stepscounter<SlowSteps;stepscounter++)
            MoveAStep(1500+SlowSpeed,1500-SlowSpeed);
    }
    else                                        //十字路口
```

```
        {   //循线到两个近端 QTI 传感器均检测黑线
            stepscounter=0;
            do
            {
                Get_4QTI_State();
                if(!LBQti&&RBQti)
                {
                    LeftPulse=1500+SlowSpeed;        //右转调整
                    RightPulse=1500;//1300+LargeStep;
                }
                else if(LBQti &&! RBQti)
                {
                    LeftPulse=1500;                  //左转调整
                    RightPulse=1500-SlowSpeed;       //1300+LargeStep;
                }
                else
                {
                    LeftPulse=1500+SlowSpeed;        //前进
                    RightPulse=1500-SlowSpeed;       //1300+LargeStep;
                }
                stepscounter++;
                MoveAStep(LeftPulse,RightPulse);
                if(stepscounter>SlowSteps)
                    if(LBQti&&RBQti) break;          //端 QTI 检测到黑线，中断
            }while(stepscounter<(SlowSteps+ErrorSteps));
        }
    }
```

函数 FollowLineToMark(int Mark,int FastSteps,int SlowSteps)的工作原理如下。

带有个 3 个形式参数，第一个参数 Mark 用来告诉函数循线到达的路口类型，这里给出的路口类型有 3 种，

Mark=0，表示往前是个十字路口。

Mark = 1，表示左转 90 度弯口。

Mark = 2，表示右转 90 度弯口。

当然，你还可以定义的不同类型的路口。对于不同的路口，不仅两个远端 QTI 传感器探测到的信息会不一样，而且从远端传感器探测到信息到近端传感器探测到达路口的距离也是不一样的，所以必须能够区分出来。你可以改写该函数，让机器人能够区分和到达更多类型的路口。

形式参数 FastSpteps 表示快速循线步数。在快速循线过程中，函数只根据近端传感器的反馈调整行进方向，确保机器人沿轨迹前进。

形式参数 SlowSteps 表示慢速循线步数。在慢速循线过程中，函数也只根据近端传感器的反馈数据调整行进方向，确保机器人沿轨迹前进。

在函数定义的前面先定义了一些全局数据变量和传感器检测函数。

```
int FastSpeed=200;                    //快速循线速度
int SlowSpeed=50;                     //慢速循线速度
int ErrorSteps=5;
```

FastSpeed 定义了快速循线速度并初始化为 200；SlowSpeed 定义了慢速循线速度并初始化为 50；ErrorSteps 定义了一个循线判断的结束误差范围，并初始化为 5。这个结束误差范围是本算法的一个小技巧，其使用方法是，在快速或者慢速循线步数完成后，开始判断传感器状态，来结束快速或者慢速循线过程，如果在误差范围内检测到传感器数据，结束该阶段的循线，进入下一阶段运动。如果在这个误差范围内没有检测到传感器结束数据，函数也会中断该段运动过程。这样做的目的是防止传感器失效时，机器人完全失控，到处乱跑。

```
int LFQti;                            //left front
int LBQti;                            //left behind
int RFQti;
int RBQti;
```

定义了 4 个传感器的名称，便于函数使用。函数

```
void Get_4QTI_State(void)
{
    int qtistate;
    qtistate=P1&0x3c;
    LFQti=(qtistate&0x08)?1:0;
    RFQti=(qtistate&0x04)?1:0;
    LBQti=(qtistate&0x20)?1:0;
    RBQti=(qtistate&0x10)?1:0;
}
```

检测这 4 个传感器数据，供循线函数算法使用。

在函数内部，首先定义了 3 个局部变量：

```
int LeftPulse,RightPulse;
int stepscounter=0;
```

stepscounter 是计数器变量，用来统计循线循环的次数，定义时初始化为 0。

随后是快速循线程序段：

```
    if(FastSteps>0)
    {
        do
        {
            Get_4QTI_State();
            if(!LBQti&&RBQti)
            {
                LeftPulse=1500+FastSpeed;     //右转调整
                RightPulse=1500;              //1300+LargeStep;
            }
            else if(LBQti && !RBQti)
            {
                LeftPulse=1500;               //左转调整
```

```
            RightPulse=1500-FastSpeed;        //1300+LargeStep;
        }
        else
        {
            LeftPulse=1500+FastSpeed;         //前进
            RightPulse=1500-FastSpeed;        //1300+LargeStep;
        }
        stepscounter++;
        MoveAStep(LeftPulse,RightPulse);
        if(stepscounter>FastSteps)
            if(LFQti||RFQti) break;  //任何一个前端 QTI 检测到黑线，中断循环
    }while(stepscounter<(FastSteps+ErrorSteps));
}
```

这段程序首先判断快速循线步数，如果大于 0，开始快速循线，否则，直接跳过该段。所以，如果你想只进行慢速循线，只需在调用函数时，给形参 FastSteps 传递一个 0 值即可。

快速循线过程中，首先检测传感器，然后根据近端 2 个传感器的数据给机器人左右两个轮速的变量赋值，并给计算器加 1，即

```
stepscounter++;
```

随后调用

```
MoveAStep(LeftPulse,RightPulse);
```

执行一步循线运动。

最后判断执行步数是否大于需要循线的步数，如果大于，开始判断远端两个循线传感器的状态，如果检测到黑线，表示即将到达某个路口，中断快速循线循环，快速循线结束，否则，判断循线次数是否小于快速循线次数与误差步数的和，如果小于，继续下个快速循线循环，否则结束快速循线循环：

```
    if(stepscounter>FastSteps)
        if(LFQti||RFQti) break;              //任何一个前端 QTI 检测到黑线，中断循环
}while(stepscounter<(FastSteps+ErrorSteps));
```

break 语句

在第 7 讲中已经介绍过用 break 语句可以使程序流程跳出 swtich 结构，继续执行 switch 语句下面的一个语句。实际上，break 语句还可以用来从循环体内跳出循环体，即提前结束循环，接着执行循环下面的语句。

```
if(LFQti||RFQti) break;
```

的作用是当两个远端的传感器中的任何 1 个检测到黑色时，执行 break 语句，提前结束循环，即不再执行从 stepscounter 到 FastSteps+ErrorSteps 之间的循环。

注意

break 语句不能用于循环语句和 switch 语句之外的其他任何语句中。

后面紧接着是慢速循线段程序。

在慢速循线段程序将根据 Mark 的值分别进行处理。

如果 Mark 大于 0，即表示它前面是左转或者右转路口，此时近端的两个传感器无法根据近端传感器的数据准确判断是否到达左转或者右转路口，所以直接慢速运动相应的步数。

```
if(Mark>0)                  //左转或者右转路口
{                           //直接慢速走到路口
    for(stepscounter=0;stepscounter<SlowSteps;stepscounter++)
        MoveAStep(1500+SlowSpeed,1500-SlowSpeed);
}
```

如果是一个十字路口，就开始慢速循线，其工作过程同快速循线段程序一样。

任务 6　根据算法完成搬运子函数和主程序的编写

为了让主程序简洁，再定义 3 个搬运子函数，分别为：

```
void TransportA(char color)
void TransportC(char color)
void TransportE(char color)
```

这 3 个子函数都带有一个形式参数，用来告诉子函数物块的颜色。子函数编写时约定：子程序完成搬运任务后，让机器人回到 O 点，并指向下一个要搬运的物体。

每一个子函数的算法都是根据每个物体的颜色控制机器人去完成搬运任务。每个物体的颜色都有 5 种可能，所以，子函数要为每种可能都规划好机器人的运动路径，并控制机器人准确沿着路径前进。

该你了

根据任务 2 提供的算法思路，完成三个子函数的软件的编写，并测试通过。

有了这 3 个子函数，确定主程序主要流程如下

```
void main(void)
{
    char objectColor;//0--黑色，1--白色，2--红色，3--黄色，4--蓝色

    uart_Init();                    //串口初始化
    printf("Program Running!\n");   //在调试窗口显示一条信息

    SLMotionStartWithRamping(0,200);
    FollowLineToMark(0,160,10);     //直接循线到 C 点
    //判断 C 点物块颜色,没有颜色传感器，直接赋值确定，搬运 C 点物体
    objectColor=0;
    TransportC(objectColor);
    //运动到 A 点，判断 A 点物体颜色，搬运 A 点物体
```

```
    ...
    objectColor=1;
    TransportA(objectColor);
    //运动到 C 点，判断 C 点物体颜色，搬运 C 点物体
    objectColor=2;
    TransportE(objectColor);
    ...
    //回到出发区
    ...
    while(1)
}
```

主程序中，首先定义当前要搬运物体的颜色变量，并给颜色编码。如果机器人配备有颜色传感器，可以根据颜色传感器的数据给这个变量赋值。如果没有，可以在比赛任务确定后，给这个变量赋值，再调用相应的搬运子函数。

```
char objectColor;        //0--黑色，1--白色，2--红色，3--黄色，4--蓝色
```

变量定义后面的注释给出一种颜色值的编码方式。

主程序中的省略号，需要你添加代码，让机器人到达下一个搬运点。

工程素质和技能归纳

① 文件包含的使用和结构化模块化程序设计。

② 结构体数据类型的定义，结构体变量申明和初始化。

③ 循环结构中的 break 语句。

④ 算法的描述和分解。

科学精神的培养

① 通过本讲的算法设计和 C 语言实现，进一步归纳程序由数据和算法组成的概念。

② 可否将 Motion.c 中定义的带加减速的运动子函数进一步归纳，减少子函数数量，提高程序的代码效率？

③ 将本讲的线跟踪子函数和相应的传感器检测子函数也做成单独的文件，再包含到主程序中，看看会发生什么。

④ 利用本讲提供的标准子函数，完成 3 个色块的搬运任务。

⑤ 利用本讲提供的运动控制函数和循线函数等，完成第 7 讲的机器人游中国的比赛任务。

⑥ 本讲和第 7 讲都只用到了 4 个循线传感器来完成任务。实际上，也可以考虑用更

多的传感器来提升程序的可靠性和执行效率。传感器的增加可以让机器人变得更加智能。比如，在机器人的后面也安装循线传感器，这可以让机器人在完成一个搬运任务后，不需要掉头，直接后退循线回到O点，再接着搬运下一个物体，这样可以节省不少运动时间。还可以考虑给机器人加上颜色传感器，让机器人能够自动识别物体颜色，这样开发的程序就完全不用根据比赛任务的类型现场修改参数，重新编译连接和下载，让机器人真正成为了一个智能机器人。

⑦ 本讲任务2算法中规划的机器人搬运路径都是沿着黑线前进的。实际上，比赛规则并没限定一定要沿着黑色的引导线运动。你可以更改每个色块的搬运路径，提升程序的执行效率！

第 9 讲　机器人灭火比赛

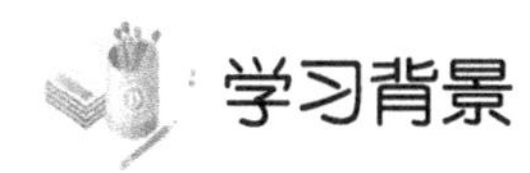

学习背景

机器人灭火竞赛是国内外各种机器人大赛的经典比赛项目，比赛模拟现实家庭或者公司仓库等建筑物中机器人处理火警的过程，要求参赛者制作一个由计算机控制的机器人，在一个模拟平面结构的房间里运动，找到代表房间里火灾点的正在燃烧的蜡烛并尽快将它扑灭。最快搜索到所有火灾点并将火焰扑灭的参赛者获胜。

由于是经典的比赛项目，所以市面上可以购买到许多完整的由单片机控制的灭火机器人，不需要参赛人员进行任何开发或者程序编写工作就能够完成比赛任务。但是，这严重背离了举办机器人大赛的宗旨。中国教育机器人大赛的机器人灭火比赛为了杜绝此类情况的出现，要求参赛的机器人必须是参赛者采用最基础的一些元器件动手制作的教学机器人，并需要现场制作一部分硬件进行验证。

机器人灭火比赛需要用到几种新的传感器，并需要将这些传感器的信息进行综合处理，需要综合应用 C 语言的各种知识和一些新的编程技术和技巧。

竞赛任务

中国教育机器人灭火比赛的比赛场地如图 9-1 所示。图中标明了场地的总体尺寸，房间布局和模拟火源的摆放位置，单位为 cm。其他有关比赛场地的技术特征和要求描述如下：

① 模拟房间的墙壁高 33cm，材质不限，颜色不限定。

② 比赛场地地板不做特殊要求，只要平整即可。地板允许有接口，但接合处也必须平整。场地平整度要求：在不连续区域小于 0.2cm 水平误差。

③ 一些机器人可能采用泡沫、粉末或者其他物质来扑灭蜡烛火焰，所以每场比赛后应清理场地。

④ 机器人必须从比赛场地中代表起始位置的正方形中开始启动，如图 9-1 中标有“S”的正方形，代表起始位置。正方形边长为 30cm，正方形的对角线交点将设在 46cm 宽的走廊的纵向中心线上。

⑤ 比赛场地周围的照明没有特殊要求。机器人灭火比赛的挑战特点就在于机器人应能够在一个含不确定照明、阴影、散光等实际情况的环境中运行。

⑥ 代表火焰的蜡烛的有效高度（指火焰底部距场地表面的距离）为 15 ~ 20cm，蜡烛是

直径 1～2cm 的白蜡烛。由于蜡烛不断燃烧，当蜡烛变短时，为了保证前面提到的高度，可以将蜡烛安装在一个基座上，以满足要求。

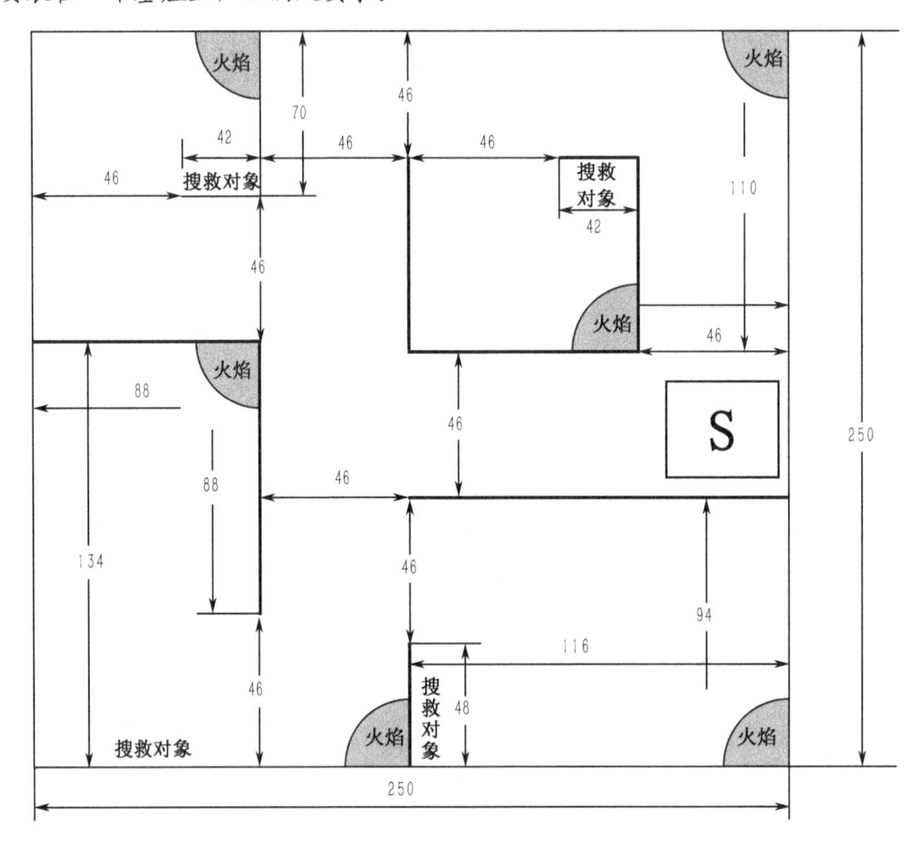

图 9-1　中国教育机器人大赛机器人灭火比赛场地图

在上述描述的比赛场地内，教育机器人灭火比赛的基本任务是设计一个基于 8 位单片机的小型舵机驱动轮式移动机器人，从比赛场地的起始点出发，搜索房间，以寻找并扑灭火源，最后回到起始点。更高级别的比赛除了要搜索和扑灭火焰外，还需要搜索图中标明的搜救对象，并将找到的搜救对象运回起始位置。总而言之，灭火比赛任务每年都可以通过调整火焰的数量、位置，以及搜救对象的类型、重量、位置和数量进行改变，以确保每年的比赛都有一定的挑战性。2012 年中国教育机器人大赛灭火比赛的基本任务指定火焰数量为 2 个，并在大赛前 1 小时抽签决定火焰放置在哪两个房间中。参赛者需要在抽签确定最终比赛任务的 1 小时内修改程序，并在 3 分钟的时间内完成比赛任务并回到起始点。用最短时间完成灭火任务的获胜，超出 3 分钟则终止比赛。在比赛中，机器人找到蜡烛前搜索的房间数越多，得分越少。

本讲以 2012 年的基本比赛任务为例，采用本书一直沿用的教学机器人套件设计和制作机器人来完成灭火比赛任务。

任务 1　确定完成比赛所需的传感器和灭火装置

机器人灭火比赛场地与机器人游中国和机器人智能搬运比赛的场地完全不同，循线传感器无法使用。灭火机器人要在地面没有引导线且类似走廊的狭窄空间中行走，最简单的方法是采用测距传感器，让机器人知道自己与周围障碍物的距离，通过这些距离来判断自身所处位置，并决定运动的策略，实现导航。最简单也是最容易获得的测距传感器是超声波传感器。超声波传感器通过测量机器人与周围物体（如墙壁）的距离来引导机器人运动。

本任务使用的超声波传感器外形如图 9-2 所示，型号为中科鸥鹏（www.szopen.cn）的 DM-S28015-B。它有一个发射头和一个接收头，并有一个 5 Pin 的接口，可以方便地安装到教学机器人的面包板上，与单片机的端口连接。该传感器提供了精确的、非接触式的距离测量，测量范围为 2 cm～5 m，测量精度为 3mm 左右。

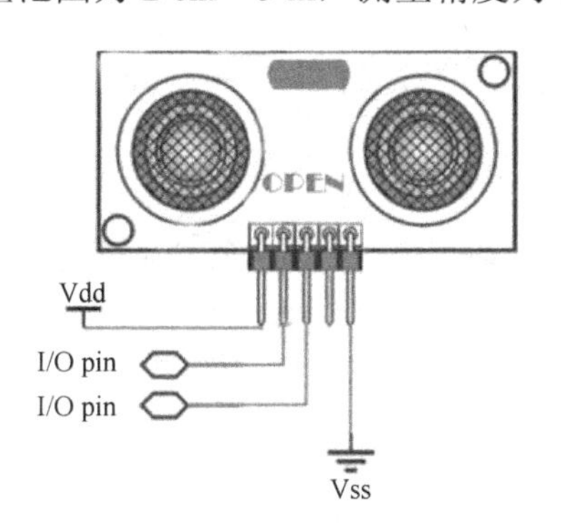

图 9-2　超声波传感器外形示意图

如图 9-2 所示，超声波传感器的 5 Pin 接口引脚从左到右的详细定义如表 9-1 所示。

表 9-1　超声波传感器通信接口的引脚定义

Vdd	电压+5V
Trig	触发信号端，控制超声波测量信号发射
Echo	接收端，检测超声波测量信号返回时间
Out	空脚（防盗）
GND	GND（VSS）

该超声波传感器与单片机连接时需要 2 个端口来控制传感器工作，其工作原理是：单片机控制超声波发射头向前方空间内发射一束超声波信号，遇到障碍物后返回，超声波接收头接收到返回的超声波信号后立即通过接收端给单片机一个信号，如图 9-3 所示。单片机根据返回的超声波信号时刻与发射超声波信号时刻的时间差计算出障碍物距离超声波传感器的距离。

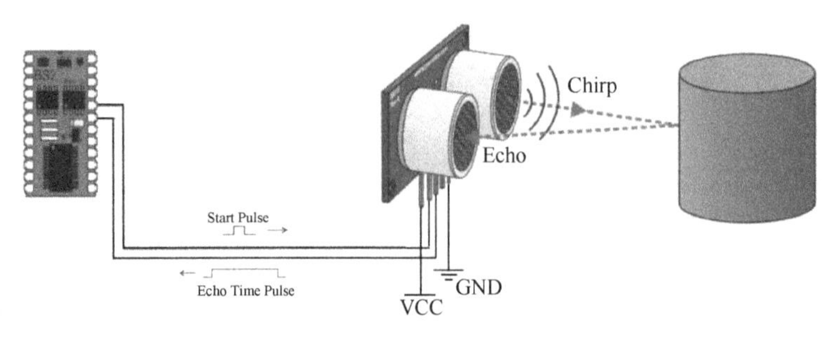

图 9-3　超声波传感器的工作原理示意图

当机器人到达房间后，需要检测房间中是否有火焰，这可以用一种远红外火焰传感器来解决。DM-FIR-FS 远红外火焰传感器可以用来探测火源或其他一些波长在 760～1100nm 范围内的热源，其正反两面的外形效果图如图 9-4 所示。

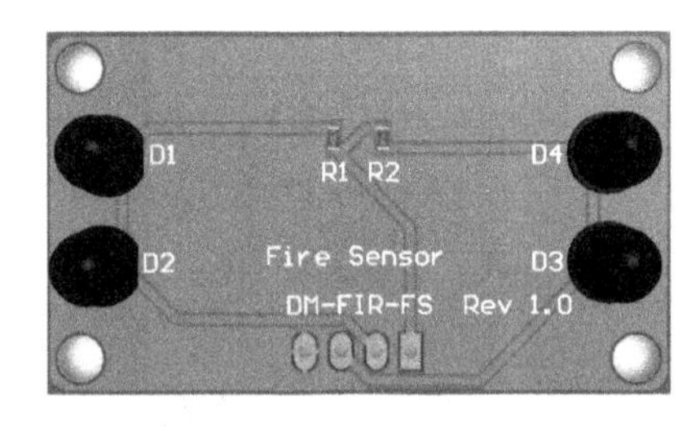

正面效果图

背面效果图

图 9-4　远红外火焰传感器外形示意图

该火焰传感器使用非常简单。使用时，VCC 接 5V 电源，GND 接地，并将 SIG1、SIG2 接单片机 I/O 接口（端口），SIG1、SIG2 输出 0～5V 的电压信号。通过单片机 A/D 采集读取两路模拟信号得到自身距火焰的距离，距离近则输出电压低，距离远则输出电压高。如果没有 A/D 采集，端口直接获得 0 和 1 的数字信号。0 表示前方有火焰，1 表示前方没有火焰。

机器人找到火焰后，需要启动灭火装置扑灭火焰。最简单和直接的方式是使用风扇将火焰吹灭。图 9-5 所示的灭火装置套件由一个高速直流电动机、一个风扇、一些安装和固定配件以及一个型号为 DM-S10051 传感器开关组成。传感器开关用单片机的端口输出信号来控制电动机的启动和停止，高速直流电动机的转动需要较大的电流，单片机的端口无法提供，必须由电源直接提供。

传感器开关在与传感器相连并控制其电源通断时，J1 端口的 SIG 接单片机与传感器通信的 I/O，SEL 接单片机电源通断控制信号 I/O，VCC 接 5V 电源，GND 接地。J2 端口的 SIG 接传感器输出信号，VCC 接传感器电源，GND 接传感器 GND。即将传感器接在 J2 端口，单片机接 J1 端口。

传感器开关在与单纯用电模块连接时，如连接灭火风扇控制其电源通断时，J1 端口的 SEL 接单片机，以控制电源通断信号 I/O，VCC 接 5V 电源，GND 接地。J2 端口的 VCC 接灭火风扇 VCC，GND 接灭火风扇 GND，SIG 悬空。

图 9-5　灭火装置套件（左图：传感器开关，右图：灭火套件安装示意图）

任务 2　确定超声波传感器连接端口，编写测距函数

灭火机器人至少需要三个超声波传感器才能完成基本的导航任务，三个传感器分别安装在机器人前方，左侧和右侧。在正式编写导航程序前，必须先确定三个超声波传感器与单片机的连接端口，并据此编写超声波测距函数。

一个超声波传感器要用到两个单片机端口，三个超声波传感器就要用到六个单片机端口。采用 C 语言的宏定义将每个传感器的接口引脚与单片机的端口引脚关联起来，并据此完成传感器与单片机的物理连接。

```
#define TrigF     P2_2      //前方超声波传感器的发射端
#define EchoF     P2_3      //前方超声波传感器的接收端
#define TrigL     P2_0      //左侧超声波传感器的发射端
#define EchoL     P2_1      //左侧超声波传感器的接收端
#define TrigR     P2_4      //右侧超声波传感器的发射端
#define EchoR     P2_5      //右侧超声波传感器的接收端
```

要精确地实现超声波测距功能，必须用到单片机的定时/计数功能，通过计数实现时间的测量。这里对该功能的设置和实现不做详细讲解，只给出具体的实现代码。详细了解和应用留给后续的单片机技术及应用课程。

AT89S52 单片机有两个定时和计数器 0 和 1，这里使用定时和计数器 0。使用之前必须对定时计数器进行初始化，设置其工作模式为计数，并将计数器清零。

```
void Time0_Init (void)            //计数器 0 初始化程序
{
    TMOD = 0x01;                  //计数器 0 选择工作模式 1
    TL0 = 0;                      //计数器低 8 位置零
    TH0 = 0;                      //计数器高 8 位置零
    TR0 = 0;                      //先停止计数
}
```

根据超声波测距原理，编写超声波测距函数。可以为三个超声波传感器各编写一个测距函数，也可以只编写一个函数，用一个形式参数决定每次调用时使用哪个传感器，函数返回传感器测得的距离，单位为 mm。

```
unsigned int Get_Sonar(char sonar)
{
    unsigned int count,distance;            //定义变量 count,distance 为 16 位数
    int m,n;

    Time0_Init();                           //计数器 0 初始化

   switch(sonar)
   {
    case ′F′:
            EchoF=0;                        //接收端置 0
            TrigF=0;                        //置超声波发射端为 0
            TrigF=1;                        //置超声波发射端为 1
            delay_nus(25);                  //延时 25μs，发射端输出 25μs 的高电平
            TrigF=0;                        //置超声波发射端为 0
            while (EchoF==0);               //等待接收端高电平，表示测量开始
            TR0=1;                          //计数器 0 计数开始
            while (EchoF==1);               //等待超声波测量脉冲下降沿
            TR0=0;                          //计数器 0 计数停止，测量结束
            break;
    case ′L′:
            EchoL=0;                        //接收端置 0
            TrigL=0;                        //置超声波发射端为 0
            TrigL=1;                        //置超声波发射端为 1
            delay_nus(25);                  //延时 25μs，发射端输出 25μs 的高电平
            TrigL=0;                        //置超声波发射端为 0
            while (EchoL==0);               //等待接收端高电平，表示测量开始
            TR0=1;                          //计数器 0 计数开始
            while (EchoL==1);               //等待超声波测量脉冲下降沿
            TR0=0;                          //计数器 0 计数停止，测量结束
            break;
    case ′R′:
            EchoR=0;                        //接收端置 0
            TrigR=0;                        //置超声波发射端为 0
            TrigR=1;                        //置超声波发射端为 1
            delay_nus(25);                  //延时 25μs，发射端输出 25μs 的高电平
            TrigR=0;                        //置超声波发射端为 0
            while (EchoR==0);               //等待接收端高电平，表示测量开始
            TR0=1;                          //计数器 0 计数开始
            while (EchoR==1);               //等待超声波测量脉冲下降沿
            TR0=0;                          //计数器 0 计数停止，测量结束
```

```
                break;
        }
        m=TH0;                          //高 8 为计数器数据获取
        n=TL0;                          //低 8 为计数器数据
        count=m*256 + n;                //根据两个计数值的值计算 count
        distance=count/5.88;            //转换为距离,即 5.88μs 超声波能传播 1mm
        return distance;
    }
```

该你了

① 按照任务 2 的接线定义，利用一块扩展学习板和教学板，将三个超声波传感器分别安装到灭火机器人上面，并用杜邦线和跳线同单片机的相应引脚连接起来。

② 利用上面编写的超声波测距函数，编写主控测试程序，测试三个超声波传感器是否正常工作。

任务 3　安装火焰传感器和灭火风扇，编写寻找火源和灭火程序

远红外火焰传感器有两个信号输出端口，传感器开关需要一个端口控制灭火风扇的启停，所以共需要三个单片机端口来检测火焰传感器信息并控制灭火风扇的启停。采用 C 语言的宏定义将火焰传感器的接口引脚、传感器开关的控制引脚与单片机的端口引脚关联起来，并据此完成与单片机的物理连接。

```
#define FSL        P1_2        //火焰传感器左边信号输出引脚
#define FSR        P1_4        //火焰传感器右边信号输出引脚
#define MSel       P1_3        //传感器开关的控制端
```

只有当火焰传感器的两个引脚都输出低电平时，才能确信在机器人的正前方有火源存在，此时才可以启动灭火电动机进行灭火，即给 MSel 引脚输出高电平，启动灭火电动机。

编写灭火子函数如下。

```
void FireFighting( )
{
    MSel=1;                          //启动灭火风扇
    while（FSL==0 || FSR==0）；      //等待火焰扑灭
    MSel=0;                          //停止灭火电动机
    return;
}
```

以上灭火子函数让机器人停在原地，直到火焰扑灭。如果机器人离火焰较远，吹不灭火焰，那机器人就永远出不来了。这肯定不是机器人设计工程师愿意看到的。一种简单的解决办法是，让灭火风扇工作几秒（具体多少秒，可以通过实际测试确定），然后看看火焰有没有被扑灭，如果没有，让机器人前进几步（具体前进多少步，同样可以通过实际测试确定），再等待几秒，如此循环，直到火焰被扑灭。

机器人进入房间后如何寻找火源呢？最简单的办法是根据机器人进入房门的位置缓慢旋

转寻找火源。为了提高效率，编写一个带旋转方向参数的函数来搜索火焰。这里用到了一个小小的编程技巧。

为了简便，用宏定义简化两种无符号数据类型的定义。

```
#define uchar    unsigned char
#define uint     unsigned int
```

定义两个搜寻方向常量。

```
uchar right=1;
uchar left=0;
uchar SearchFire(uchar turndirection)
{
    uchar a=140;              //最大搜寻角度
    delay_nms(200);
    while(--a&& FSL && FSR)
    {
        if(turndirection=right)
        MoveAStep(770,770);
        else
        MoveAStep(730,730);
    }
    return a;                 //如果返回值 a>0，则表示找到了火源，如果 a=0，则表示没有找到火源
}
```

该你了

① 按照任务3的接线定义，将火焰传感器、传感器开关和灭火风扇安装到灭火机器人上面，并用杜邦线和跳线同单片机的相应引脚连接起来。

② 利用上面编写的灭火函数，编写主控测试程序，测试火焰传感器和灭火风扇是否正常工作。

③ 如果上面的灭火子函数不能扑火火焰，则按照上面的提示改写子函数，让其能够扑灭火焰。

④ 解释一下为什么搜索火焰的函数能够搜索到火焰？

任务4　根据超声波测距信息编写导航程序

有了超声波传感器提供的距离信息，机器人可以确定自己当前所处的位置，一种简单的判断方法如下。

（1）如果前方的距离小于一个设定的距离阈值，而左右两侧的距离大于阈值，则机器人位于一个丁字路口，机器人可以左转或者右转。

（2）如果前方的距离大于一个设定的距离阈值，而左右两侧的距离小于阈值，则机器人位于走廊中间，只能直行。

（3）如果前方和左侧的距离小于一个设定的距离阀值，而右侧的距离大于阀值，则机器人位于一个右转路口，机器人只能右转。

（4）如果前方和右侧的距离小于一个设定的距离阀值，而左侧的距离大于阀值，则机器人位于一个左转路口，机器人只能左转。

（5）如果三个方向的距离都小于一个设定的距离阀值，则机器人位于一个死胡同，则机器人只能掉头。

（6）如果三个方向的距离都大于一个设定的距离阀值，则机器人位于一个十字路口，则机器人既可以直行，也可以左转或者右转。

（7）如果前方和左侧的距离大于一个设定的距离阀值，而右边的距离小于阀值，则机器人位于一个三岔路口，机器人可以前进或者左转。

（8）如果前方和右侧的距离大于一个设定的距离阀值，而左边的距离小于阀值，则机器人位于一个三岔路口，机器人可以前进或者右转。

通过阀值的设定，将三个超声波传感器的信息转换为两种状态信息，可以判断出 8 种路口状况。阀值数据具体取多大，要根据实际的场地测试而定。

机器人导航的一种最基本的运动策略是沿着墙壁行走。比如小车一直沿右墙行走，根据超声波传感器提供的信息确定遇到路口类型，决定机器人的运行方向。在某些情况下，还要根据机器人所处的位置修改机器人的前进方向，比如在十字路口时，可能让机器人不再沿墙行走，而是直行穿过路口。此时要让它直走一段路程，过了路口后重新沿壁检测下一个房间。

2012 年大赛的规则是：比赛前 1 小时抽取任意两个房间点上蜡烛，小车从出发点出发，灭完所抽取到房间中的蜡烛就回到起点；在比赛中，机器人找到蜡烛前搜索的房间数越多，得分越少；整个过程在 3 分钟以内，超出时间则终止比赛。根据这一规则，设计一种能够适用各种情况的通用竞赛策略。

把场地内最小的房间定为 1 号，按逆时针方向依次设为 2、3、4 号。根据竞赛要求，把每两个房间有火源的 6 种可能组合设定为 6 种灭火模式，用一个模式变量进行切换。

模式 1：从起点出发，从 1 号房间起依次搜寻每个房间的火源，如果灭完两根蜡烛后，就不再寻找其他房间，直接回到起点，这个模式样适用于蜡烛在 1、2 号房间的情况。

模式 2：蜡烛在 1、3 房间，从起点到 1、3 房间灭火，灭完后回到起点。

模式 3：蜡烛在 1、4 房间，直接到 1、4 房间灭火，灭完后回到起点。

模式 4：蜡烛在 2、3 房间，直接到 2、3 房间灭火，灭完后回到起点。

模式 5：蜡烛在 2、4 房间，直接到 2、4 房间灭火，灭完后回到起点。

模式 6：蜡烛在 3、4 房间，直接到 3、4 房间灭火，灭完后回到起点。

当抽签决定了蜡烛所放置的房间后，相应的灭火模式就确定了。据此修改模式变量，重新编译下载执行代码，机器人就可以按照事先编好的程序完成比赛任务了。这种编程方式最为有效，机器人不会做多余的搜索。

经过对比赛场地和任务组合的分析，不同的模式需要选择不同的运动策略对机器人进行导航，以便机器人能够用最少的时间完成灭火任务。模式 1 让机器人小车一直沿右墙走，当前方遇到障碍物就左转 90 度，遇到路口，向右转 90 度，进入房间 1 后继续沿右墙走搜索火焰，灭火。火焰扑灭后掉头，机器人改沿左墙行走，出房间，左转 90 度，又改为沿右墙行走，到达第 2 个房间，进去灭火。灭完火后，掉头返回，回到出发点。其他模式参照上面的分析方法，完成机器人导航程序的设计。

在某些模式中，有些房间不用进去，当超声波检测到路口后，就让它直走一段路程，过了路口后重新沿壁检测下一个房间。

正式编写程序前，先定义三个全局变量来存储三个超声波传感器测得的距离数据。

```
unsigned int DistFront, DistLeft, DistRight;
DistFront = Get_Sonar('F');
DistLeft = Get_Sonar('L');
DistRight = Get_Sonar('R');
```

编写子函数根据 3 个传感器数据值和设定的阀值确定机器人所处的位置状态，并用变量记录保存下来。

```
unsigned int DistTheshold=50;                              //根据实际情况调整
unsigned int PositionStatus()
{
    unsigned int positionStatus;
    if(DistFront>DistTheshold)
    {
        if(DistLeft> DistTheshold)
        {
            if(DistRight> DistTheshold)
                positionStatus =1;                         //机器人在十字路口
            else
                positionStatus =2;                         //机器人在可左转或直行的路口
        }
        else
        {
            if(DistRight> DistTheshold)
                positionStatus =3;                         //机器人在可右转或直行的路口
            else
                positionStatus =4;                         //机器人在只能直行的巷子中
        }
    }
    else
    {
        if(DistLeft> DistTheshold)
        {
            if(DistRight> DistTheshold)
                positionStatus =5;                         //机器人在丁字路口
            else
                positionStatus =6;                         //机器人在只能左转的路口
        }
        else
        {
            if(DistRight> DistTheshold)
                positionStatus =7;                         //机器人在只能右转的路口
```

```
                else
                        positionStatus =8;              //机器人在死胡同中
            }
        }
        return positionStatus;                          //返回结果
    }
```

在每个模式的灭火过程中，只有机器人的位置状态还不能确定在某些路口机器人该往哪个方向前进。要让机器人准确地沿着规划好的路径前进，还需要有一个变量来追踪记录灭火机器人的前进位置，即要给机器人所要经过的路口编号，然后根据传感器状态信息确定机器人所在路口，再根据规划好的灭火路径确定机器人的前进方向。在程序中定义一个全局变量追踪记录这个信息。

```
unsigned int WhereAmI;
```

根据模式 1 的灭火任务，规划出灭火机器人需要经过的路径，如图 9-6 所示。

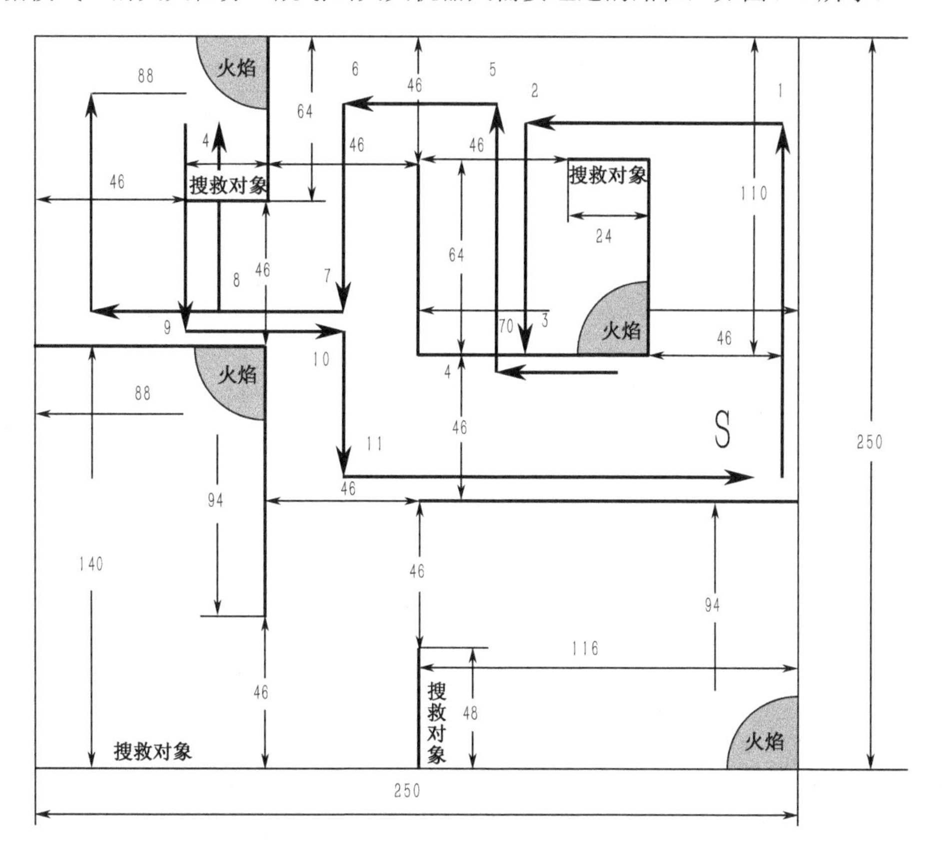

图 9-6　模式 1 灭火机器人运动路径规划

根据这个规划的路径，可以确定模式 1 的灭火任务导航算法如下：

算法 1：模式 1 的导航算法。

（1）沿右墙行走至路口 1。

（2）左转 90 度。

（3）沿右墙行走至路口 2。

（4）左转 90 度。
（5）沿右墙行走至路口 3。
（6）左转 90 度。
（7）沿右墙行走至检测到火焰。
（8）灭火。
（9）180 度掉头。
（10）沿左墙行走至路口 4。
（11）右转 90 度。
（12）沿左墙行走至路口 5。
（13）左转 90 度。
（14）沿右墙行走至路口 6。
（15）左转 90 度。
（16）沿右墙行走至路口 7。
（17）右转 90 度。
（18）沿左墙行走至路口 8。
（19）右转 90 度。
（20）沿右墙行走至检测到火焰。
（21）灭火。
（22）180 度掉头。
（23）沿左墙行走至路口 9。
（24）左转 90 度。
（25）沿右墙行走至路口 10。
（26）右转 90 度。
（27）沿右墙行走至路口 11。
（28）左转 90 度。
（29）沿右墙回到出发点。

实现以上算法的左转 90 度，右转 90 度，180 度掉头和灭火等函数都已经在前面的章节中进行了详细介绍，只缺少沿左墙或者右墙行走到某个路口的函数，下面来设计这个函数。

最简单的沿墙走的算法是利用超声波传感器检测机器人与墙壁的距离，当距离大于期望值时，就往墙壁靠近一些，当距离小于期望值时，就离开一些。靠近还是离开都通过调整两个轮子的转速来执行。

由于超声波传感器分布于小车的前、左、右三个方向，因此小车正常前进时一般只有一个超声波传感器是正对基准墙的。所以只需一个超声波就能控制机器人沿墙走。

控制策略采用接近式控制策略，维持墙壁和传感器之间的距离为一个固定常数。当两者距离过小时，机器人向远离墙壁的方向偏转；当距离过大时，向墙壁方向偏转，小车偏转采用差动方式，偏转时维持小车的转弯半径不变。采用该方式控制简单，路径平滑。

在旋转时采用差速法：当机器人需要远离墙壁时，使靠近墙壁的驱动速度为 V1，另一侧驱动轮速度为 V2，V1>V2；当需要靠近墙壁时，两轮速度值反过来。如图 9-7 所示，小车理

想行进路线是一段段等半径的圆弧。

机器人的行进路线与电动机的控制周期和两轮差速有关。在电动机控制频率足够高时，两轮差速越大，转弯半径 R 越小，小车超调越小。但两轮差速过大容易造成微幅振荡；反之，两轮速度差越小，小车运行线路平滑，但超调越大。如果两轮速度差过小，转弯半径 R 过大，小车和墙面会有碰撞危险。

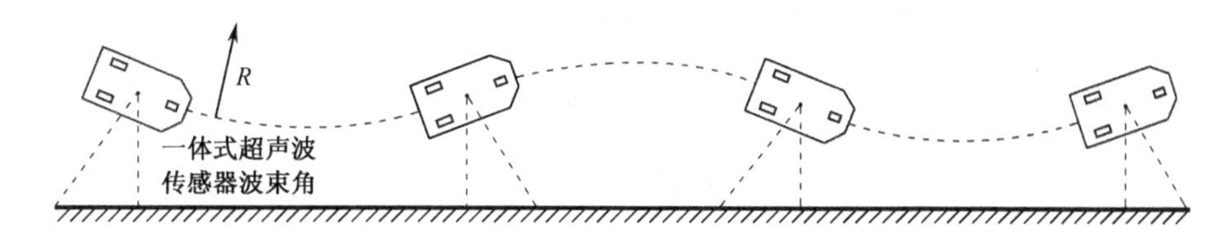

图 9-7　机器人沿墙走算法示意图

根据上述分析先编写出沿左墙或者右墙走一步的函数。

首先定义两个全局变量保存机器人沿墙走时期望距离墙壁的距离和轮子转速调整步长（每次调整该修改的数据），并进行初始化。同时定义一个全局变量用于保存上次测量时机器人与墙壁的距离。

```
uint FollowDistance=40;                    //单位 mm
uint PulseComp=50;                         //调整脉冲数
uint DistLast;
void FollowWallAStep(uchar side)           //循墙走一步函数
//side=left 时，沿左墙走一步，否则沿右墙走一步
{
    uchar i=0;
    if(side==left)
    {
        DistLast = DistLeft;               //记录上次测量值
        DistLeft = Get_Sonar('L');
        if(DistLeft > DistLast)            //机器人正偏离墙前进
        {
            if(DistLeft > FollowDistance)
            {
            if(DistLast > FollowDistance)
            {
        …                                  //左偏一大步
        }
        else if(Dist Last <= FollowDistance)
        {
            …                              //左偏一小步
        }
    }
    else
    {
        …                                  //直线前进
```

```
                }
            }
            else if(DistLeft<DistLast)          //机器人正靠近墙前进
            {
                if(DistLeft < FollowDistance)
                {
                    if(DistLast > FollowDistance)
                    {
                ···                             //右偏一小步
                }
                else if(DistLast < FollowDistance)
                {
                ···                             //右偏一大步
                }
        }
        else
        {
        ···                                     //直线前进
        }
    }
    else //机器人直线前进
    {
            if(DistLast > FollowDistance)
            {
            ···                                 //左偏一小步
            }
            else if(DistLast < FollowDistance)
            {
            ···                                 //右偏一小步
            }
            else
            {
            ···                                 //直线前进
            }
        }
    }
    else
        {
                DistLast = DistRight;           //记录上次测量值
                DistRight = Get_Sonar('R');
                                                //过程与沿左墙前进一致
        }   ···
    }
```

该你了

补充完成沿墙走一步算法，并编写测试程序，看看机器人是否能够按照你的期望沿着指定的墙壁稳定地前进。在实现函数时，注意超声波传感器测量需要用到时间。如果直接调用本书最前面定义的 MoveAStep 函数，会让机器人走起来不流畅。

调试好了沿墙走一步的函数后，就可以很轻松地设计和编写沿墙走到各路口的函数了，如沿右墙走到左转路口函数，沿右墙走到可直行和左转路口的函数等。同样地，可以设计和编写沿左墙走到某一个路口的函数。

沿右墙走到左转路口的函数可以通过检测安装在前方的超声波传感器的测量值直接决定是否到达了该路口。而沿右墙是否到达了可直行和左转的路口则相对复杂些。如果该路口与前方墙壁的距离在超声波传感器的检测范围内，则可以直接通过检测机器人与前方墙壁的距离来确定是否到达了目的路口；如果在检测范围之外，则可以检测左侧传感器的检测距离来确定是否到达了可左转和直行的路口。

该你了

根据上面的提示，结合自己的分析和理解，完成下面沿墙走到各种路口函数的编写和调试。

```
void FollowWallToLPoint(uchar side)          //沿墙到左转或者右转路口
//side=right 沿右墙到左转路口，side=left 沿左墙到右转路口
void FollowWallToAPoint(uint dist)           //沿左墙或者右墙到距离前方墙壁dist距离的位置
//基准墙一直存在
void FollowWallToBPoint(uchar side)
//沿左墙或者右墙前进到可左转直行或者可右转直行的路口
void FollowWallToTPoint（uchar side）        //沿左墙或者右墙到丁字路口（可左转或者右转）
void FollowWallToFPoint(uchar side)          //沿左墙或者右墙到达火源点
```

编写调试好以上函数后，就可以按照灭火模式 1 的导航算法编写一个模式 1 的灭火导航函数，完成对应的灭火任务。赶紧试一试吧！

```
void Mode1( )
{
    FollowWallToLPoint(right);
    …                                        //左转 90 度
    FollowWallToAPoint（right）;
    …                                        //左转 90 度
    …                                        //直线前进一小段距离
    FollowWallToLPoint(right);
    …                                        //左转 90 度
    FollowWallToFPoint（right）;
    …                                        //灭火
    …                                        //180 度掉头
    FollowWallToLPoint(left);
```

```
        …                                   //右转 90 度
        FollowWallToTPoint(left);
        …                                   //左转 90 度
        …
        FollowWallToLPoint(left); //回到出发点
    }
```

该你了

完成上述函数的编写，并编写主程序，点燃蜡烛进行实际测试，看看机器人能否按照你的期望完成灭火任务。

如果能够完成灭火任务，按照模式 1 的算法分析方法，完成其他 5 种灭火任务的程序编写。如果不能正常完成灭火任务，需要分析具体出错的位置和原因，并在现有的分析基础上对上面给出的各种算法函数进行修改。

在机器人到达丁字路口，或者可直行和转弯的路口时，为了让机器人到达路口的中间，需要机器人在没有传感器引导的情况直线行走一段距离，同时机器人转弯和掉头时也没有传感器信号的引导，所以有可能产生误差。当误差过大时，机器人不能正常地回到沿墙走的算法。为此，下面提供一个机器人姿态校正函数。

用机器人带动超声波传感器从与墙面水平的位置开始转动，超声波传感器从 0° 开始旋转，每转一步，测量一次与墙面距离，将测量值通过串口送上位机。超声波与电动机转动 180° 时，可以得到多个距离值，通过对上位机采集的数据进行分析，可以得到以下结论：当波束中轴线与墙面法线夹角很大时，超声波不能反射回来；当波束中轴线与墙面法线夹角较大时，测量误差较大，这是由于多次反射等原因造成的，不能反映真实测量值。当夹角为+30° ～−30° 时，相邻测量值非常接近，相差不超过 5 mm；在+27° ～−27° 时，相邻测量值相差不超过 2 mm（如图 9-8 所示）。改变超声波传感器与墙面距离进行实验，相邻测量值相差不超过 2mm 的角度依然为+ 27° ～−27° 。因此可以将波束中轴线与墙面法线夹角为+ 27° ～−27° 的范围作为检测的最佳范围。

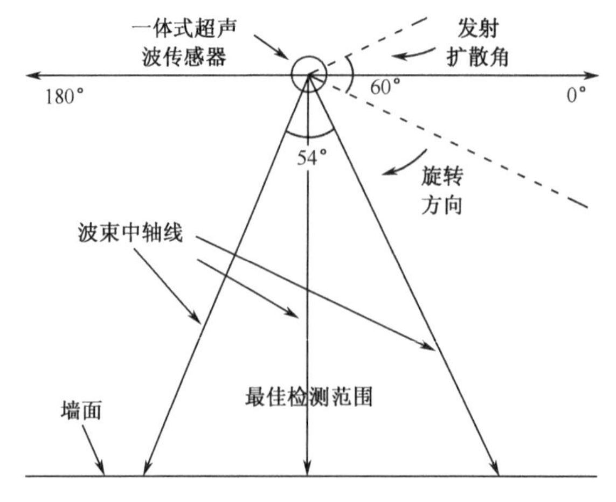

图 9-8　超声波传感器测距特性实验示意图

图 9-9 是超声波传感器旋转测量结果曲线，其原因是：虽然超声波传感器发射出一个扇形波束，但所测距离是最近点的反射距离，当反射位置于扇形区域内且越接近波束中轴线时，反射波也越强。本文中由于传感器与墙面距离较近，因此在传感器散射角范围内测得的距离都是墙面与传感器最近点反射回的声波。由于超声波传感器固定在面包板上旋转，存在一定的转弯半径，因此+27°～-27°范围内的测量值也存在一定差异，但转弯半径很小且步距角较小时，相邻测量值之差也更小。

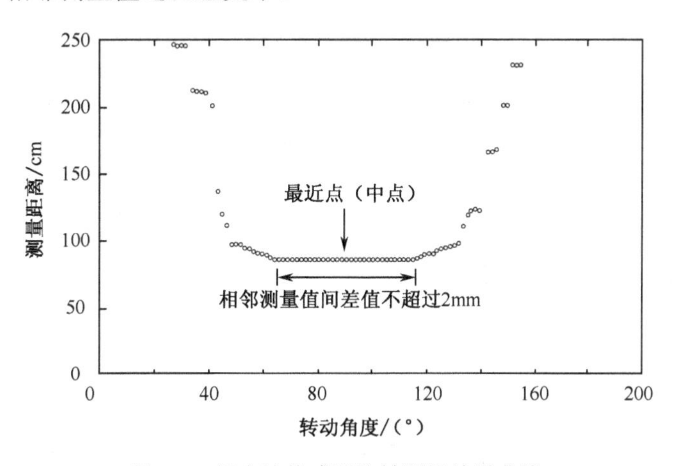

图 9-9　超声波传感器旋转测量结果曲线

下面使用以上原理来校正小车与墙面的位姿。具体实现方法是让小车原地缓慢旋转，当采集回来的数据之间差值很小时，认为小车基本平行于墙面了。

```
/***********************************************************************/
//          校正函数
//          参数 turn_step：初始旋转步数   正为顺时针  负为逆时针
//          参数 turn_direntcion: right 顺时针扫描   left 逆时针扫描
//          校正车跟墙面的位置  使车跟墙面平行
/***********************************************************************/
void CorrentDirection(int turn_step,uchar turn_direction)
{
    uchar finish_mark=1;                //矫正完成标志
    uint dist0,dist1;                   //校准精度
    uchar deviation=1;                  //偏差
    uchar speedt=46;                    //校准速度
    delay_nms(200);

    …                                   //先旋转一个小角度(turn_step)使机器人不与墙面平行

    if(turn_direction==right)           //判断旋转扫描方向
    {                                   //右转校正机器人
        finish_mark=1;
```

```
DistLeft = Get_Sonar('L');
dist0= DistLeft;                              //记录采集到的数据，用于后续的比较
        while(finish_mark)                    //判断是否已经矫正
        {
            DistLeft =GetSonarDis(1);
            …                                 //右转一步
            if(DistLeft ==dist0 && dist1==dist0 && DistLeft <250)
                                              //判断是否已经与墙面平行
            {
                DistFront = Get_Sonar('F');
               if(DistFront <300|| DistFront >3000)
                                              //判断前方是否有墙，避免旋转过多，把垂直于
                                                基准墙的墙面当作基准墙
                {
                finish_mark=1;
                }
                else
                {
                …                             //用于停住小车
                finish_mark=0;                //矫正完成标志
                }
           }
           dist1=dist0;                       //记录之前采集的数据
           dist0= DistLeft;                   //记录当前采集的数据
        }
    }
    else if(turn_direction==left)             //判断旋转扫描方向
    {                                         //左转校正机器人
    }
     delay_nms(200);
}
```

该你了

补充完成校正函数，并编写主程序调用该函数看它是否能够正常工作。如果能够正常工作，将该函数加到灭火函数中你认为需要的地方，看看能否改善你的灭火机器人性能，提高程序运行的可靠性。

任务 5　完成灭火主程序的编写

通过定义灭火模式变量，可以在抽签决定灭火任务后修改该变量，使机器人能够适应任何一种组合。按照任务 4 的分析，完成 6 种模式灭火的函数编写，在主程序中根据变量的赋值选择对应的灭火函数。

按照本讲提供的方法完成的灭火程序多达几百行，为了管理方便，可以将不同功能的函数放到不同的 C 文件中，如将所有不需要传感器的基础运动和动作放到一个叫作 move.c 的文件中，将超声波传感器的测量函数和初始化函数放到一个 sonar.c 文件中，而将所有基于传感器数据进行导航的函数放到 action.c 文件中，再加一个主程序 main.c 文件。将这些文件都添加到该项目工程中。这样你的这个项目就有几个源文件。当然，还要特别注意不同文件中互相需要调用的函数和变量的声明。

工程素质和技能归纳

① 超声波传感器的使用和超声波测距原理。
② 远红外火焰传感器原理和使用方法。
③ 传感器开关的使用和电动机的启停控制。
④ 复杂算法的分析和实现。

科学精神的培养

① 通过本讲的算法设计和 C 语言实现，了解大型程序的开发和设计方法。
② 可否编写一个不需任何修改的程序完成各种灭火任务？

第10讲　擂台机器人程序设计

竞赛内容

中国教育机器人大赛机器人擂台比赛分为团体赛和个人赛。团体赛由两个团队来竞争，每个团队由三名队员、三个机器人和一名教练组成。三个机器人必须由一台遥控型机器人和两台自主控制型机器人组成，且都必须由参赛队员自主制作和编程。同一个队的两台自主机器人不能采用完全相同的传感器。比赛前，各个队伍可以根据自己的策略编排出场顺序，一旦排定，不能更改。每场比赛由3局组成，每局的时间限制为1分钟。最先赢得2局比赛的机器人获得本场比赛的胜利。每局比赛在规定的擂台圈和时间内，机器人将通过赢得点数来计算成绩，每个点数的获得都由裁判决定，最后由裁判根据双方的点数决定每局比赛的胜负。最先赢得两场比赛胜利的队伍为获胜队。

个人赛由一个人和一个自主型机器人组成的队伍参加机器人擂台比赛，不能采用遥控型的机器人。个人比赛采用3局2胜制的比赛规则。最先赢得2局比赛的个人获得胜利。

擂台赛场和竞赛规则

赛场（如图10-1所示）是指赛场内和赛场外的空间。图10-1中白色边界以外的空间称为外区。擂台赛的赛场规格如表10-1所示。

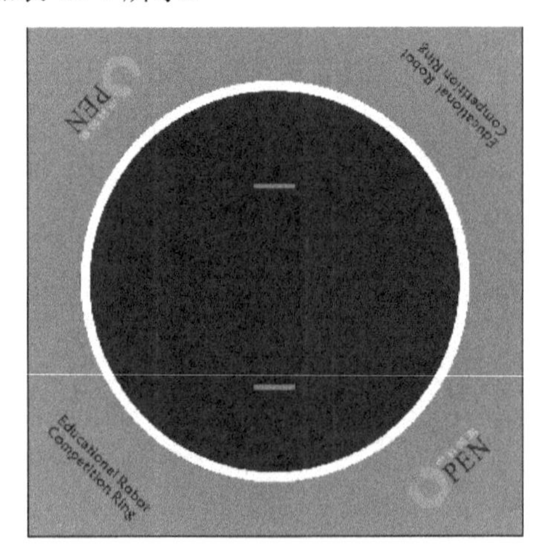

图10-1　擂台赛赛场图

表 10-1　机器人擂台赛赛场规格表

规格项目		规格参数
比赛区直径		90cm
外区边长		120cm
赛场材料		同搬运比赛场地
颜色	比赛区	黑色
	开始线（两线间隔 50cm）	棕色 10cm×1cm
	边界	白色 2.5cm 厚度
	外区	灰色

**注意**

场地的制作最好采用大赛组委会统一制作的场地，以减少不确定性。

在赛场边界以外需要留有宽度大于 15cm 的空间（如图 10-1 所示的外区）。这个空间可以是除白色外的其他颜色，可以是任何材料或形状（必须符合本规则的基本概念）。

擂台机器人也是一个双轮驱动机器人，需要满足比赛规则中的规定的下列条件：

- 最大体积不超过 12.5cm×12.5cm。
- 整机质量不超过 650 克。

标准擂台机器人的套件里配备有三种机器人：红外擂台机器人、超声波擂台机器人和遥控擂台机器人，如图 10-2 所示。红外擂台机器人和超声波擂台机器人各有两套传感器：两个 QTI 循线传感器——保持擂台机器人在赛场里面，还有两对红外发射器/接收器或者一个超声波传感器——用来寻找它的对手。遥控擂台机器人只有两个 QTI 传感器，用来检测机器人是否还在赛场里面，还有一个红外接收器，用来接收遥控指令。

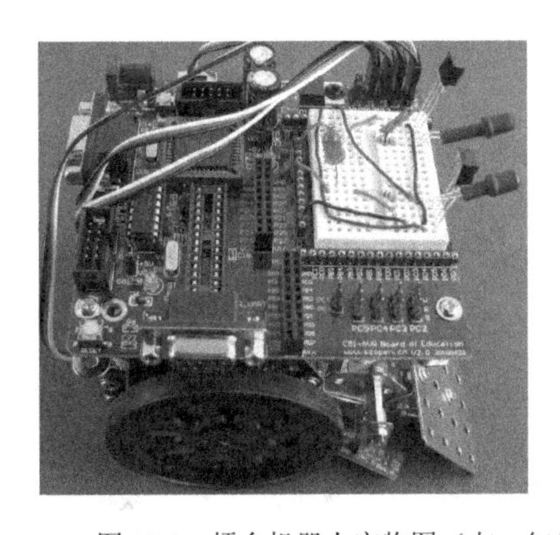

图 10-2　擂台机器人实物图（左：红外擂台机器人，右：超声波擂台机器人）

团队比赛分为 3 场，每场又由 3 局组成。最先赢得 2 场比赛胜利的团队获胜。

每场比赛的时间为 3 分钟（每局 1 分钟），由主裁判宣布比赛开始和结束。自主机器人必须在宣布比赛开始后的 3 秒钟后开始移动。如果在比赛结束时没有分出胜负，可以举行加时赛，加时赛时间也为 3 分钟。以下情况不包括在比赛时间内：从裁判宣布点数到下一回合比赛开始所用的时间（规定是 30 秒），从裁判宣布比赛停止到重新开赛所用的时间。

竞赛规则规定，在限定的比赛时间内，每场比赛中获得点数最多的机器人获得胜利。以下情况可以获得一个点数：

① 合理地迫使对手的机器人接触到赛场的外区。

② 对手自己去接触赛场的外区。

以上任何一种情况发生，都将结束该回合比赛。只要比赛时间没有完，重新开始一个新的回合。

裁判将根据以下几点决定比赛胜负：比赛过程中赢得的点数或者比赛期间参赛者的态度。

出现以下情况，该回合比赛将停止并重新开始：

① 两个机器人互相缠住且不移动的时间超过 5 秒，或者机器人转圈超过 5 秒都没有变化。

② 两个机器人都停止移动（在同一时间）超过 5 秒，并且没有进行互相对抗。如果首先停止移动的机器人在 5 秒后还不移动，就认为它没有对抗意识了，此时对手将得到一个点数（即使对手的机器人此时也停止）。如果两个机器人在规定时间内都没发生对抗，那么裁判可以延长 30 秒去限制比赛时间。

③ 如果两个机器人看起来像是同时接触到外区，但不能确定是哪一个先接触，那么比赛将重新开始。

任务 1　红外线擂台机器人的软件设计

红外线擂台机器人用到了前面第 6 讲用过的红外发射接收传感器对和第 7 讲用到的 QTI 传感器。红外发射和接收传感器对用来搜索对手，QTI 传感器则用来判断机器人是否在比赛场地之内。

编写程序前先用宏定义将这些传感器使用的单片机引脚定义好。

```
#define LeftIR          P3_5
#define RightIR         P1_2
#define LeftLaunch      P3_6
#define RightLaunch     P1_3
#define LeftQTI         P1_4                //接左边 QTI
#define RightQTI        P1_5                //接右边 QTI
#define StartLED        P1_6
```

在正式动手编写软件之前，先要确定机器人的竞赛策略，然后根据策略确定机器人的程序流程，最后才是编写代码。

擂台机器人最简单的竞赛策略就是不断地搜索对手，一旦发现对手就进攻。当然，在搜索对手的过程中，要不断地检测自己是否在赛场之内。确定了这样的竞赛策略后，下面采用自顶向下、逐步细化的结构化程序设计方法完成红外擂台机器人的程序设计。

自顶向下的程序设计方法就是先设计主函数程序：

```
void main()
{
      uart_Init();
      while(1)
      {
            Search_Opponent();                    //寻找对手子函数
      }
}
```

该程序首先初始化串口通信接口，然后进入死循环，让机器人不断地搜寻对手。这通过定义的子函数 void Search_Opponent()来实现。实现该函数的细化算法是擂台机器人的核心策略，具体步骤如下：

（1）先检测两个 QTI 传感器，确定机器人是在场地内，还是到了场地边沿。

（2）根据机器人在场地内的状态，选择不同的动作：

i　如果机器人在场地内，则调用红外传感器搜索对手。

ii　如果左边的 QTI 传感器检测到了边沿，则机器人需要向右转弯并寻找对手。

iii　如果右边的 QTI 传感器检测到了边沿，则机器人需要向左转弯并寻找对手。

iv　如果两个 QTI 传感器都检测到边沿，则机器人需要后退掉头并寻找对手。

据此编写相应的程序代码：

```
void Search_Opponent()
{
      int QTIState;
      QTIState=Get_2QTI_State();                  //检测 QTI 的状态
      switch (QTIState）
      {
            case 0x30: Search_For_Opponent();     //在场地内，直接寻找对手
                              break;
            case 0x20: Spin_Left();               //右侧碰到了边线，左转寻找
                              break;
            case 0x10: Spin_Right();              //左侧碰到了边线，右转寻找
                              break;
            case 0x00: About_Face();              //两个 QTI 传感器碰到了边线，后退
                              break;
      }
}
```

这里细化出 5 个子函数。

第一个子函数的实现非常简单，已经在机器人游中国的项目中进行了详细讲解。

```
int Get_2QTI_State(void)
{
      return P1&0x30;
}
```

第二个子函数寻找对手需要用到红外传感器发射和接收对，具体实现策略为：

（1）发射和检测左右两对红外传感器。

（2）根据检测的红外传感器状态确定机器人的运动策略：

i　左右两个红外传感器都发现了对手，直接进攻。

ii　左边的红外传感器发现了对手，左转一步。

iii　右边的红外传感器发现了对手，右转一步。

iv　两个传感器都没有发现对手，前进一步。

据此编写出相应的代码：

```
void Search_For_Opponent()
{
    int irDetectRight;
    int irDetectLeft;

    IRLaunch('R');
    irDetectRight=RightIR;
    IRLaunch('L');
    irDetectLeft=LeftIR;
    if((irDetectLeft==0)&&(irDetectRight==0))
    {
        Lunge();                        //锁定对手并进攻函数
    }
    else if((irDetectLeft==0)&&(irDetectRight==1))
    {
        …                               //左转一步

    }
    else if((irDetectLeft==1)&&(irDetectRight==0))
    {
                                        //右转一步
    …
    }
    else
    {
        …                               //前进一步

    }
}
```

红外发射子函数在本书第 6 讲已经给出，直接使用即可。

左转一步、右转一步和前进一步直接采用第 7 讲中定义的运动动作函数 void MoveAStep(int,int) 即可轻松实现。

锁定对手并进攻函数的实现策略有很多种，并且直接影响进攻的效果。下面是一个刚刚毕业不久的大学生在学习 C 语言编程时编写的代码：

```
//锁定并冲向对手，然后检测 QTI 状态防止出界
void Lunge()
{
	int i, j;
	for(i=0;i<25;i++)
	{
		//直线前进一步
		…
	}
	j=Get_2QTI_State();
	if(j==00)
	{
		//执行比赛结束动作，比如机器人停止，闪烁几下机器人上安装的 LED
		…
	}
}
```

设计者的策略是进攻时机器人直接前进 25 步，然后检测两个 QTI 传感器的状态，如果两个传感器都检测到了边线，就认为机器人已经将对手推出了场外，自己赢得了本局比赛的胜利。这个逻辑非常简单，实现容易，但效果不好。仔细推理一下，存在如下问题：

① 机器人在直接进攻 25 步的过程中，机器人在这段进攻的过程中没有检测 QTI 传感器的状态，机器人有可能跑到场地外。

② 在这 25 步的进攻时间里，对手同样在运动，他有可能是进攻，有可能是防守逃避，机器人并没有锁定目标的动作，所以随后检测判断 QTI 传感器的值并不能确定机器人是否赢得了比赛的胜利。

该你了

请根据上面的分析修改锁定并进攻的函数。

第三个和第四个函数的策略可以一样，就是先旋转几步，以逃离边线，然后一边旋转一边搜索对手。

```
void Spin_Left()
{
	int c;
	for(c=0;c<8;c++)
	{
		                            //左转一步
		…
	}
	for(c=0;c<25;c++)
	{
		                            //左转一步
```

```
            …
            Turn_Search_Opponent();
        }
        …                                   //前进一步

    }

    void Spin_Right()
    {
        int d;
        for(d=0;d<8;d++)
        {
        …                                   //右转一步

        }
        for(d=0;d<25;d++)
        {
            …                               //右转一步

            Turn_Search_Opponent();
        }
        …                                   //前进一步

    }
```

其中，Turn_Search_Opponent()的实现方式如下：

```
    void Turn_Search_Opponent()
    {
        int irDetectRight_2;
        int irDetectLeft_2;

        IRLaunch('R');
        irDetectRight_2=RightIR;
        IRLaunch('L');
        irDetectLeft_2=LeftIR;
        if((irDetectLeft_2==0)&&(irDetectRight_2==0))
        {
            Follow_Forward();
        }
        else if((irDetectLeft_2==0)&&(irDetectRight_2==1))
        {
            Follow_Left();
        }
        else if((irDetectLeft_2==1)&&(irDetectRight_2==0))
        {
```

```
            Follow_Right();
        }
    }
```

这个函数几乎同前面刚刚定义的 Search_For_Opponent()完全一样。这在程序设计过程中是一个非常忌讳的问题！后面我们再看看如何优化前面的程序，让机器人圆满完成竞赛任务。

最后一个函数的策略是先后退，然后右转搜索对手。

```
void About_Face()
{
    int e;
    for(e=0;e<30;e++)
    {
        …                                    //后退一步

    }
    for(e=0;e<30;e++)
    {
        …                                    //右转一步
        Turn_Search_Opponent();
    }
    …                                        //前进一步

}
```

该你了

将以上代码汇集成一个 C 程序，补充省略号处的代码和相应的函数实现，在擂台比赛场地上测试你的机器人，看看他的表现如何？会不会出现前面分析的机器人冲出场外等现象？

如果你只有一台机器人，可以用你的手遮挡一下机器人，模拟对手的进攻。

任务 2　优化红外线擂台机器人软件

任务 1 实现的机器人程序并不是最优的。实际上，其中程序的结构化和模块化方面设计得并不好，最主要的问题有如下几个：

① 程序中有两个函数功能完全相似。

② 两种传感器检测分布在不同的函数中，一个是专门的边线检测函数，一个是红外发射和检测直接放在两个搜索函数中。

③ 程序的实时性不好，在进攻和转弯的过程中没有及时检测传感器的状态，所以机器人经常会出现一些意想不到的结果。

在大型的程序设计过程中，第一个问题非常致命，会大大降低程序的可靠性和效率。相同的算法出现在不同的函数中，当你在调试过程中发现算法有问题时，你可能会修改某处代码，而忘了修改另外函数中的相似代码。在下一次执行的某个时刻可能又会出现问题。

机器人程序实时性表现在机器人的动作是否连贯，反应是否灵敏。对于此类嵌入式控制程序而言，这是一个非常关键的问题。在程序的编写过程中，必须保证机器人电动机的控制周期在 25ms 左右，即每 25ms 必须给机器人电动机一次控制指令，否则机器人就会出现反应迟钝的现象。这在前面的学习过程中已经提到。

现在用机器人控制程序的一般策略，按照自顶向下的方法来重新设计红外擂台机器人软件。像擂台机器人这类相对简单的小型机器人控制的一般策略是：感知、决策和执行，并且不断循环。

首先机器人将所有传感器信息采集到，然后根据各种传感器信息进行综合分析和决策，确定机器人的动作。每执行一次感知、决策和执行所需的时间就是控制周期，周期越短，机器人就会反应越快。

按照自顶向下的设计方法，我们可以重新编写主程序。

```
void main()
{
    uart_Init();
    while(1)
    {
        Perception( );                //获得所有传感器的信息
        Decision-making( );           //做出决策
        Implementation( );            //执行
    }
}
```

定义的 3 个函数分别实现机器人控制的 3 个功能。为了在这 3 个函数之间传递信息，再在主函数的前面定义 5 个全局变量。

```
int QTIState;                          //QTI 传感器信息
int irDetectRight, irDetectLeft;       //红外传感器信息
int PulseLeft, PulseRight;             //动作变量
```

感知函数首先获得机器人所有传感器的当前信息，并将其存储在全局变量内。决策函数根据这些传感器信息确定动作变量的值。执行函数根据动作变量的值完成运动动作。

```
void Perception()
{
    QTIState= P1&0x30;
    IRLaunch('R');
    irDetectRight=RightIR;
    IRLaunch('L');
    irDetectLeft=LeftIR;
}

void Decision-making( )
{
```

```
        switch (QTIState)
        {
            case 0x30:                                        //在场地内
            if((irDetectLeft==0)&&(irDetectRight==0))         //对手在正前方
                {               }
                else if((irDetectLeft==0)&&(irDetectRight==1))  //对手在左前方
                {                                             //左转一步脉冲赋值
                    …
                }
                else if((irDetectLeft==1)&&(irDetectRight==0))  //对手在右前方
                {                                             //右转一步脉冲赋值
                    …
                }
                else                                          //没有发现对手
                {                                             //是前进还是转动，根据你的
                                                               竞技策略而定
                …
                }
                break;
            case 0x20:                                        //右侧碰到了边线，左转寻找
                …
                break;
            case 0x10:                                        //左侧碰到了边线，右转寻找
                …
                break;
            case 0x00:                                        //两个 QTI 传感器碰到了边线
                …
                break;
        }
    }

    void Implementation( )
    {
        MoveAStep(PulseLeft,PulseRight);
    }
```

这里重新修改函数 MovaAStep 函数中的低电平延时值，以保证电动机的控制周期在 25ms 以内。具体修改多少要根据感知和决策函数执行一次需要多少时间而定。如果感知和决策函数执行一次需要 5ms，就可以在原来 20ms 的基础上减掉这 5ms。

```
    void MoveAStep(int LeftP,int RightP)
    {
        P1_1=1;
        delay_nus(LeftP);
        P1_1=0;
        P1_0=1;
```

```
        delay_nus(RightP);
        P1_0=0;
        delay_nms(15);                //修改该延时值改变电动机的控制周期
    }
```

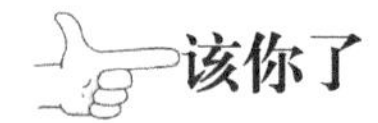

该你了

将以上代码汇集成一个C程序，补充省略号处的代码和相应的函数实现，在擂台比赛场地上测试你的机器人，看看他的表现如何？还会不会出现任务1中机器人冲出场外的现象？机器人是不是更加灵敏了呢？

机器人编程最复杂的部分就是根据传感器信息做出决策的过程。传感器信息越多，决策就越复杂。进行决策分析的最好办法就是根据所有的传感器信息做一张策略表，就像机器人循线策略表一样。

策略的设计完全由你来确定。前面的机器人控制策略只考虑了机器人当前的传感器信息，比较简单。这也是能够保证擂台机器人能够正常工作的最简单的策略。一个优秀的比赛程序除了要考虑现在的传感器信息外，其实还可以记录前一次测量的传感器信息，以便知道机器人的运动趋势，做出更有效的决策，甚至还需要预测对手可能的动作和策略，以便己方的机器人能够及时应对。总之，策略的设计就是你要根据自己对比赛的理解给出机器人的运动策略，并写成算法和代码。这是机器人程序的核心。

两个QTI传感器和红外检测传感器并不能让机器人具有很好的性能，如果硬件条件允许，可以在机器人的后面再各增加2个QTI传感器和红外发射接收传感器，这样机器人就能够更全面地获得自身和对手的信息，以利于更快地做出决策，赢得比赛胜利。

传感器信息增多与决策的复杂度的增加不是简单的线性关系，而是指数级关系，所以不是多多益善。比如，增加1倍传感器的数量，从4个传感器到8个传感器，需要进行决策的状态的从16种增加到了256种。这对于8位单片机而言，如果程序写得不好，很容易超出其处理能力范围。

比赛过程中最期望的结果就是擂台机器人的两只“眼睛”（红外传感器）都“看见”对手，同时两个QTI传感器也都检测到边缘。这种情况就说明擂台机器人已经顺利地将对手推出赛场外且可以获得一个点数。当擂台机器人将对手从赛场内或者角落推出场外，而且自己没有超出边缘，那它就会赢得比赛。赢得比赛的机器人要返回赛场中心。能够回到赛场中心的机器人并自动停止的机器人将获得一个点数奖励。

该你了

在执行函数中增加自动返回赛场中心并停止的功能。

任务3 超声波擂台机器人的软件设计

图10-2中的超声波擂台机器人只配备了一个超声波传感器，只能判断前方是否有对手，并能够给出对手距自己的较精确的距离，而且超声波传感器看得比较远，能直接看到前方场

地内的所有物体。而红外擂台机器人有两对红外传感器，可以判断对手是在前方，还是左边或者右边，但是它不能精确测量对手距自己的距离。即使按照第 7 讲中的方法采用频率扫描技术也能大致测出对手的距离，但是这个距离的精度很低，没有太大的应用价值。红外传感器的检测距离虽然可以通过调整相应电阻的阻值进行调整，但是因为不能很精确地测量距离，这个功能的意义也不大。

下面按照任务 2 中的通用智能机器人程序框架，修改相应的程序模块。

首先在感知函数模块中删除红外检测函数，加入超声波测距函数。超声波测距函数在灭火机器人的程序设计中已经用到，这里直接复制过来稍加修改即可使用。

决策函数的修改就要根据前面的分析来修改。比如，当机器人在场地内部时，可以根据对手距自己的距离不同，采用不同的策略：

① 如果机器人距离自己较远（由你决定阀值确定多远是较远），直接奔向对手。

② 如果机器人距离自己很近时，采用迂回进攻的策略，例如可以稍微旋转一步，再进攻。

③ 当机器人缠斗在一起时，可以先后退一下，调整姿态再进攻。

在进行策略设计时，只要记录前一次测量的距离，就可以判断出你是在接近对手，还是在远离对手，还是在缠斗的状态。这样你就可以做出更准确的策略选择。

在执行模块中增加一些复合的执行功能，除了 4 个基本的执行动作外，可以增加两个动作的复合，如左转一步再前进一步、右转一步再前进一步等。这种复合函数不能复合太多步数。如果有太多的步数，就可能出现任务 1 程序中机器人自己跑出去的情况。

该你了

根据上面的分析自主完成超声波擂台机器人的设计，找你的队友比试比试，看看到底是谁的机器人厉害。根据比赛的情况，不断修改和完善自己的竞赛策略并修改程序，让你的机器人越来越聪明，越来越强大。

任务 4　遥控擂台机器人的软件设计

在日常生活中，我们拿起电视机遥控器按下按键，电视频道就自动切换，拿起空调遥控器就可以控制空调。我们能不能用遥控器来控制机器人的运动呢？当然能！通过本任务的完成，我们将能用遥控器易如反掌地控制机器人的运动。

电视机和遥控器之间采用红外线通信，该通信通过一种协议来实现。通信协议就像我们的语言一样，可以用来相互交流。这种协议叫作 NEC 协议，即 6122 协议。

NEC 协议

NEC 格式的特征如下：

① 使用 38kHz 载波频率。

② 引导码间隔是 9ms + 4.5ms。

③ 使用 16 位用户码。

④ 使用8位数据码和8位取反的数据码。

协议组成

协议包括引导码、16bit用户码（地址码）、8bit命令码（数据码）及其8位反码，如图10-3所示。

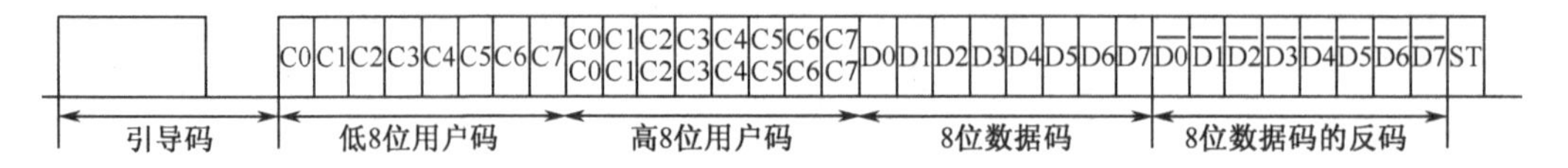

图10-3　NEC协议代码组成

引导码由一个9ms的载波波形和4.5ms的关断时间构成，时序如图10-4所示。

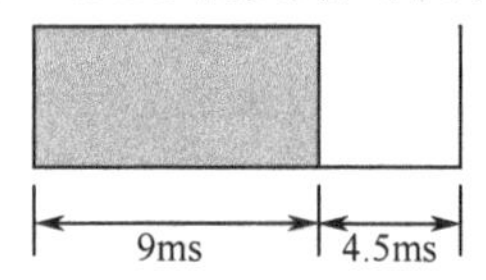

图10-4　引导码时序

地址码共16bit，低8位在前，高8位在后，时序如图10-5所示。

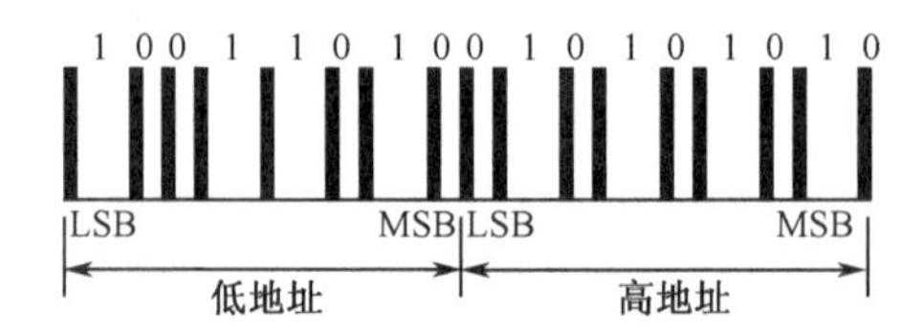

图10-5　地址码时序

8bit命令码及其反码时序如图10-6所示。

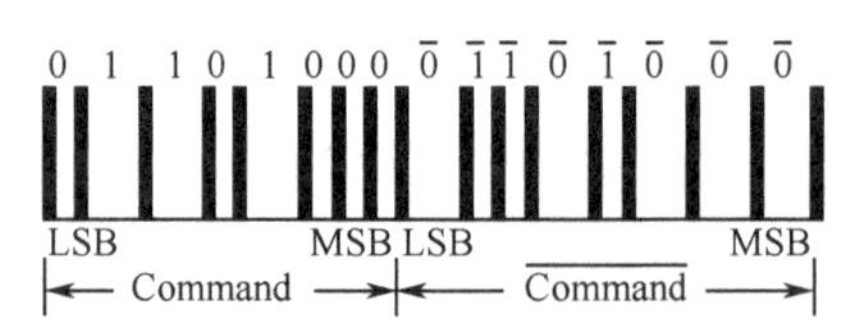

图10-6　8位命令码及其反码时序

编码采用脉冲位置调制方式（PPM），利用脉冲之间的时间间隔来区分“0”和“1”，如图10-7所示。

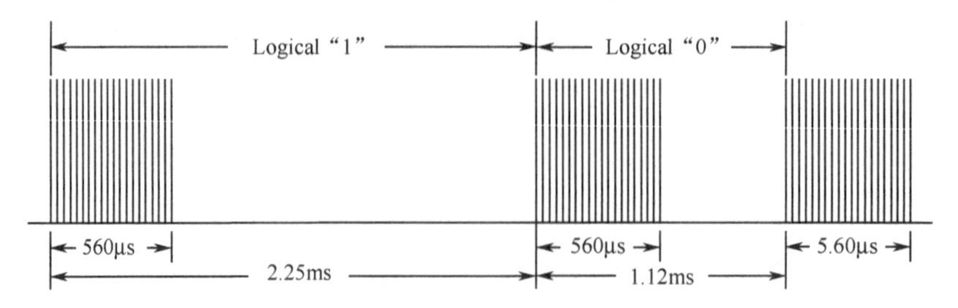

图10-7　编码调制方式（PPM）

如果第一次指令传输结束后，还检测到该按键仍然按着，则每隔 108ms 重复发送一次，但代码变了，如图 10-8 所示。

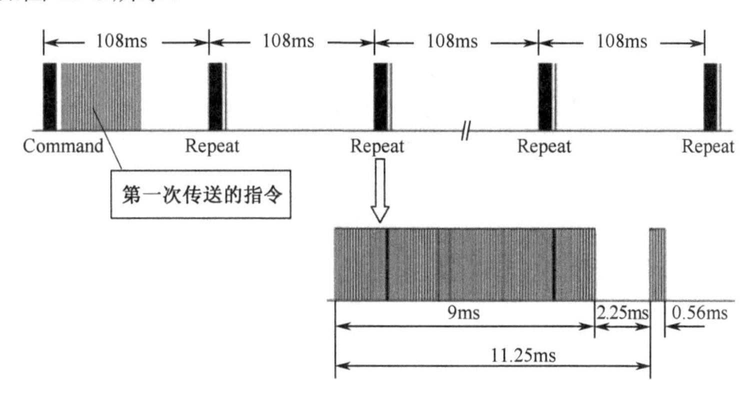

图 10-8　重复指令传送方式

完整波形如图 10-9 所示。

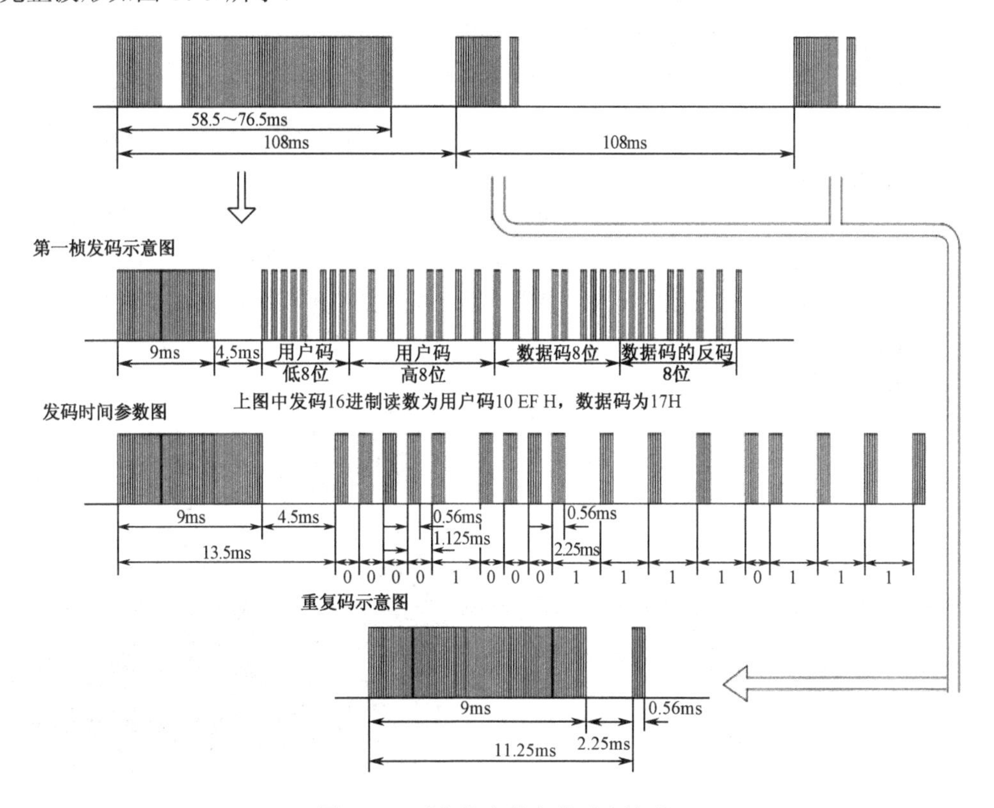

图 10-9　重复指令的完整时序波形

遥控器解码

要想用遥控器正确控制机器人运动，我们必须知道遥控器的每个键对应的键码，不过我们没必要去使用全部的按键，这里使用 8 个按键（左上、左、左下、中上、中下、右上、右中和右下）就够了，如图 10-10 所示。

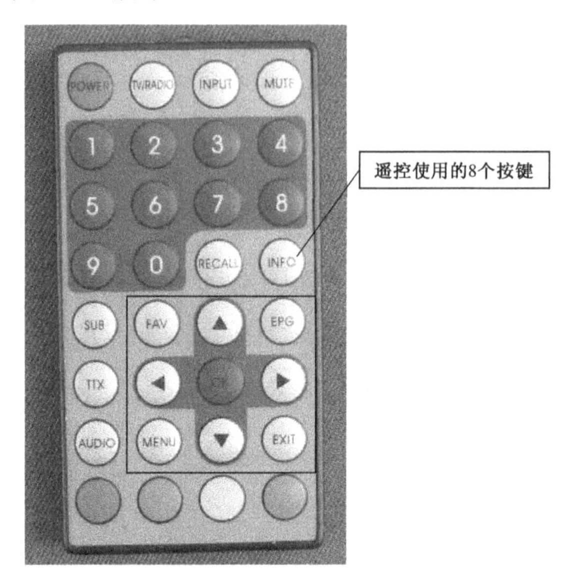

图 10-10　红外遥控器及使用的 8 个按键

根据上面的协议，我们来编写一个识别键码的程序。先按照图 10-11 所示的电路图连接好电路，如图 10-12 所示。

注明：该接收管电路是标准的 38kHz 调制频率，可适应市面上各种红外接收头。

AT89S52 的定时器 2 具有输入捕捉功能，即当指定的输入引脚有一个 1→0 的负跳变输入时，单片机会自动地记录下当前的时间并产生中断（当输入捕捉中断时，定时器不会自动重置，需要在中断服务程序中重置定时器。只有当定时器溢出中断时才会自动重置定时器）。红外遥控解码需要用到的是输入捕捉方式。

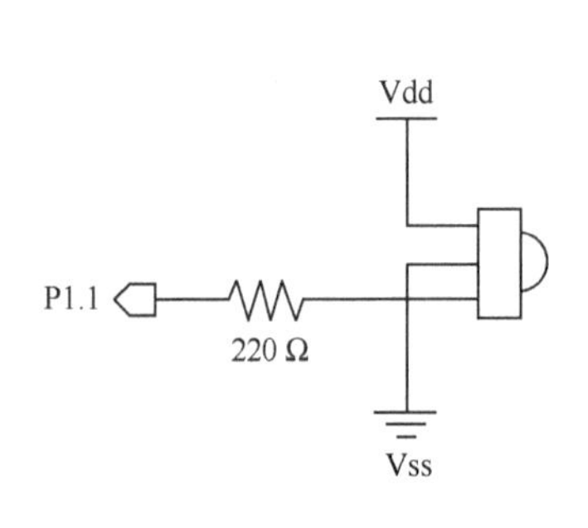

图 10-11　红外接收器电路图

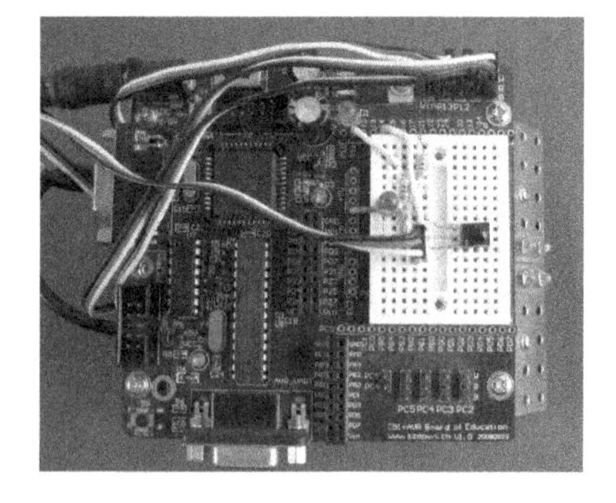

图 10-12　安装好红外接收器的遥控擂台机器人

注意

遥控器发射的信号高电平对应接收器收到的是低电平信号，所以触发定时器 2 中断的实际上是 0→1 的跳变。

在捕捉模式下，AT89S52 的外部输入 T2EX 引脚（P1.1）1 至 0 的下跳变也会使得定时器 TH2 和 TL2 中的值分别被捕捉到并存储到 RCAP2H 和 RCAP2L 寄存器中。

要使用定时器 2 的输入捕捉功能，先要对定时器 2 进行相应的初始化。

定时器 2 初始化程序函数

```
void Timer2CaptureInit(void)     //AT89S52 单片机定时器 2 初始化
{
    T2MOD &= 0xFC;        //T2OE=0, DCEN=0 定时器 2 输出不允许，定时器向上计数
    T2CON = 0x09;         //EXEN2=1, CP/RL2=1 允许外部中断，设置定时器 2 为捕捉模式
    TH2=0;                //定时器高位初值
    TL2=0;                //定时器低位初值
    EA=1;                 //开总中断
    ET2=1;                //定时器 2 中断允许
    TR2=1;                //启动定时器 2
}
```

整个的终端解码程序由定时器 2 的中断服务程序完成，称为中断解码程序。根据前面的通信协议分析，获得如下中断解码程序。

中断解码程序

```
void InterruptTimer2(void) interrupt 5      //AT89S52 输入捕捉中断　下降沿触发
{
    //定时器 2 计数器重新置 0，自动重新计数，原数据已转存到 RCAP2H 和 RCAP2L
    TH2=0;
    TL2=0;

    if(TF2)                                              //判断是否是时间溢出中断
    {
    TF2=0;                                               //清除中断标志
    time_cnt++;
    if(time_cnt>1000) time_cnt=100;
    if(time_cnt>1) continue_button=0;                    //没有连续按键
    }
else if(EXF2)                                            //判断是否是输入捕捉中断
{ //输入捕捉中断
    EXF2=0;                                              //清除中断标志
    temp_time=RCAP2H;
    temp_time=temp_time*256 + RCAP2L;
    if(time_cnt!=0)                                      //判断是否为第一个下降沿
    {                                                    //是第一个下降沿
        time_cnt=0;
    }
    else                                                 //不是第一个下降沿
    {
```

```
if(temp_time>924 && temp_time<1325)              //接收码“0”的判断
{
        temp_time=0x0000;
 }
 else if(temp_time>1945 && temp_time<2445)       //接收码“1”的判断
{
        temp_time=0x8000;
}
else if(temp_time>11400 && temp_time<13600)      //起始码判断
{                                                //是起始码
      bitcnt=0;
      IR_address_temp=0;
      IR_data_temp=0;
      return;
}
else if(temp_time>9800 && temp_time<11400)       //连续按键判断
{
        continue_button=1;
        time_cnt=0;
        return;
}
else
 {
        time_cnt=0;
        return;
 }
  /*数据处理*/
 bitcnt++;                                       //接收数据位计数
 if(bitcnt<16)                                   //前 15 位地址位接收
 {
       IR_address_temp=IR_address_temp | (uint)temp_time;
       IR_address_temp=IR_address_temp>>1;
 }
 else if(bitcnt==16)                             //末位地址接收
 {
         IR_address_temp=IR_address_temp | (uint)temp_time;
 }
 else if(bitcnt<32)                              //前 15 位数据位接收
 {
         IR_data_temp=IR_data_temp|(uint)temp_time;
         IR_data_temp=IR_data_temp>>1;
 }
 else if(bitcnt==32)                             //末位数据接收，收到一次完整的指令
{
```

```
                IR_data_temp=IR_data_temp|(uint)temp_time;
                  IR_address= IR_address_temp;        //保存地址缓存
                  IR_data=IR_data_temp;               //保存数据缓存
            }
        }
    }
}
```

中断程序的工作非常复杂，如果你一时无法理解上述代码的工作原理，不要紧，随着后续课程和项目的进行，你会逐步的理解和掌握单片机编程的精髓！

电动机驱动程序

电动机驱动程序使用定时器 0 的方式 1 产生 2 路 PWM。因为定时器 0 的中断优先级高于定时器 2 的中断优先级，所以使用定时器 0 产生 Pwm 能保证在读取红外时的中断不会对电动机运动造成干扰。

引脚定义：左伺服电动机接 P1.2、右私服电动机接 P1.3，通过下面的宏定义实现。

```
#define left_motor    P1_2              //左伺服电动机引脚接 P1_2
#define right_motor   P1_3              //右伺服电动机引脚接 P1_3
```

另外，需要定义控制电动机的 PWM 数据存储值。AT89S52 单片机定时器 0 的最小计数时间单位是 1.071μs，产生 1500μs 的定时中断所需的计数初值等于 65536−1500/1.071=64135，转换为十六进制数为 0xFA87。

```
//电动机停止控制脉冲宽度 1500μs
uchar high_byte[3]={0xFA,0xFA,0xC2};                 //定时器高 8 位初始值设定，
uchar low_byte[3]={0x87,0x87,0xFA};                  //定时器低 8 位初始值设定
uint speedl_temp=0;                                  //左轮速度缓存
uint speedr_temp=0;                                  //右轮速度缓存
uint delay_temp=0;                        //延时缓存，用于产生 16ms 周期的 PWM 低电平延时
void set_speed(int speedL,int speedR)     //速度设置，左轮速度:speedL  右轮速度:speedR
{
        speedl_temp=0xFA87+speedL;                   //左轮初始计数值计算
        speedr_temp=0xFA87-speedR;                   //右轮初始计数值计算
        delay_temp=0xC2FA+speedL-speedR;             //延时初始值计算
       high_byte[0]=(uchar)(speedl_temp>>8);         //相应位置赋值
        low_byte[0]=(uchar)(speedl_temp&0x00FF);
        high_byte[1]=(uchar)(speedr_temp>>8);
        low_byte[1]=(uchar)(speedr_temp&0x00FF);
        high_byte[2]=(uchar)(delay_temp>>8);
        low_byte[2]=(uchar)(delay_temp&0x00FF);
}

void InitTimer0(void)                                //定时器 0 初始化
{
     TMOD |= 0x01;                                   //设置定时器 0 工作方式 1
```

```
        TH0 = 0xFA;                                    //设置高 8 位
        TL0 = 0x9A;                                    //设置低 8 位
        EA = 1;                                        //全局中断使能
        ET0 = 1;                                       //定时器 0 中断使能
        TR0 = 1;                                       //开启定时器 0
}

void Timer0Interrupt(void) interrupt 1                 //定时器中断，产生电动机控制脉冲
{
        TH0 = high_byte[i];
        TL0 = low_byte[i];
         if(i==0)
         {
               left_motor=1;
               right_motor=0;
         }
         else if(i==1)
         {
               left_motor=0;
               right_motor=1;
         }
         else if(i==2)
         {
               left_motor=0;
               right_motor=0;
         }
               i++;
               if(i>2)i=0;
 }
```

主控程序

主控程序根据中断解码程序提供的码值判断是哪个按键按下，并由此设定机器人两个轮子的转速。在程序开始时要先对两个定时器和串口进行初始化。

```
void main(void)
{
        InitTimer0();                                  //定时器 0 初始化
        Timer2CaptureInit();                           //定时器 2 输入捕捉初始化
        uart_Init();                                   //串口初始化
        set_speed(0,0);                                //速度初始化 默认为 0
        while(1)
        {
              if(IR_address==0xff00||continue_button==1)     //判断是否正确接收到红外编码
              {
```

```
            P2_1=0;                                    //点亮指示灯
            switch(IR_data&0x00ff)                     //判断按下的是哪个键
            {
             case 0x1A :                               //前进
                  set_speed(200,200);
                  break;
             case 0x02 :                               //后退
                  set_speed(-200,-200);
                  break;
             case 0x10 :                               //原地左转
                  set_speed(100,-100);
                  break;
             case 0x13 :                               //原地右转
                  set_speed(-100,100);
                  break;
             case 0x18:                                //左前进
                  set_speed(200,30);
                  break;
             case 0x1B :                               //右前进
                  set_speed(30,200);
                  break;
             case 0x00:                                //左后退
                  set_speed(-200,-30);
                  break;
             case 0x03:                                //右后退
                  set_speed(-30,-200);
                  break;
            default : break;
          }

                        // printf("IR_address=%d,IR_data=%d\n",IR_address,(IR_data>>8));
                        //串口测试 用于查看红外遥控器地址和各个按键编码
          IR_address=0; //地址置零防止未接收到数据时进入函数
      }
      else
      {
          P2_1=1;                                      //未接收到数据时关闭指示灯
          set_speed(0,0);                              //小车停止
        }
      }
   }
```

当你使用一个不同的遥控器时，可以通过上面提供的串口代码读到对应的地址码。如果你不知道各按键的编码，也可以通过这个功能读到，而不需要修改任何中断函数代码。

该你了

根据上面提供的函数建立工程，搭建接收器电路，编译下载程序，看看机器人是否能够按照你的期望进行控制。

以上程序没有考虑循线传感器。如果要加入循线传感器，让机器人在接受遥控指令的同时，也不会走出场地，如何修改程序？正式比赛时，这个功能也是必须的。

工程素质和技能归纳

结构化程序设计方法

结构化程序设计由迪克斯特拉（E.W.dijkstra）在1969年提出，是以模块化设计为中心，将待开发的软件系统划分为若干个相互独立的模块，这样使每个模块的工作变得单纯而明确，为设计一些较大的软件打下了良好的基础。

基本要点

（1）采用自顶向下，逐步求精的程序设计方法

在需求分析和概要设计中，都采用自顶向下、逐层细化的方法。

（2）使用三种基本控制结构构造程序

任何程序都可由顺序、选择、重复（循环）三种基本控制结构构造。

① 用顺序方式对过程进行分解，确定各部分的执行顺序。

② 用选择方式对过程进行分解，确定某部分的执行条件。

③ 用循环方式对过程进行分解，确定某部分进行重复的开始和结束的条件。

④ 对处理过程仍然模糊的部分反复使用以上分解方法，最终可将所有细节确定下来。

（3）大型程序团队的组织形式

团队开发程序的组织方式：采用由一个主程序员（负责全部技术活动）、一个后备程序员（协调、支持主程序员）和一个程序管理员（负责事务性工作，如收集、记录数据，文档资料管理等）三个为核心，再加上一些专家（如通信专家、数据库专家）及其他技术人员组成小组。

设计方法的原则

自顶向下：程序设计时，应先考虑总体，后考虑细节；先考虑全局目标，后考虑局部目标。不要一开始就过多追求细节，先从最上层总目标开始设计，逐步使问题具体化。

逐步细化：对复杂问题，应设计一些子目标作为过渡，逐步细化。

模块化设计：一个复杂问题，肯定是由若干稍简单的问题构成。模块化是把程序要解决的总目标分解为子目标，再进一步分解为具体的小目标，把每一个小目标称为一个模块。

特点

结构化程序中的任意基本结构都具有唯一入口和唯一出口，并且程序不会出现死循环。

在程序的静态形式与动态执行流程之间具有良好的对应关系。

优点

由于模块相互独立，因此在设计其中一个模块时，不会受到其他模块的牵连，因而可将原来较为复杂的问题化简为一系列简单模块的设计。模块的独立性还为扩充已有的系统、建立新系统带来了不少的方便，因为我们可以充分利用现有的模块进行积木式的扩展。

按照结构化程序设计的观点，任何算法功能都可以通过由程序模块组成的三种基本程序结构：顺序结构、选择结构和循环结构的组合来实现。

结构化程序设计的基本思想是采用“自顶向下，逐步求精”的程序设计方法和“单入口单出口”的控制结构。自顶向下、逐步求精的程序设计方法从问题本身开始，经过逐步细化，将解决问题的步骤分解为由基本程序结构模块组成的结构化程序框图；“单入口单出口”的思想认为一个复杂的程序，如果它仅由顺序、选择和循环三种基本程序结构通过组合、嵌套构成，那么这个新构造的程序一定是一个单入口单出口的程序。据此就很容易编写出结构良好、易于调试的程序来。

① 整体思路清楚，目标明确。

② 设计工作中阶段性非常强，有利于系统开发的总体管理和控制。

③ 在系统分析时，可以诊断出原系统中存在的问题和结构上的缺陷。

缺点

① 用户要求难以在系统分析阶段准确定义，致使系统在交付使用时产生许多问题。

② 用系统开发每个阶段的成果来进行控制，不能适应事物变化的要求。

③ 系统的开发周期长。

现在我们来回顾第 9 讲和第 10 讲的程序开发和设计过程。从某种程度上说，我们不自觉地遵从了结构化程序设计方法。通过对竞赛目标的层层分解，逐步将一个复杂的问题分解成一个个可以实现的函数。

自顶向下的结构化程序设计是人类解决问题的一般模式。

科学精神的培养

① 通过本讲的擂台机器人程序设计和 C 语言编程，进一步了解和掌握嵌入式 C 语言编程的要点。

② 总结和归纳嵌入式智能机器人控制软件的通用开发和编程准则，研究单片机中断同人类智能的相似之处。

③ 本书的所有算法都没有使用流程图。流程图是传统的 C 语言教材中不可或缺的部分。如果你对流程图感兴趣，不妨查阅一下相关的书籍，并将本书中的算法用流程图表示出来。

附录 A　C 语言概要归纳

使用说明

该附录仅对 C 语言知识做个概括，内容不仅包括本书中用到的知识点，也包括与之相关但未用到的知识点。因为本书编写的程序是在 8 位单片机上运行，资源有限，一些 C 语言的高级功能不能支持，如长整型数据、双精度浮点数等。如果你在给本书配套硬件编写自己的应用程序时，用到一些比较高级的功能，发现编译、连接和下载都能够正常执行，但是不能正常按照你的预期工作，就需要考虑该单片机是否支持这个功能。从程序语法上，集成编程环境不会提醒你不支持该功能。

C 语言概述

C 语言是在 20 世纪 70 年代初问世的，1978 年由美国电话电报公司（AT&T）贝尔实验室正式发布。同时由 B.W.Kernighan 和 D.M.Ritchit 合著了著名的《THE C PROGRAMMING LANGUAGE》一书，通常简称为《K&R》，也有人称之为《K&R》标准。但是，在《K&R》中并没有定义一个完整的标准 C 语言，后来由美国国家标准协会（American National Standards Institute）在此基础上制定了一个 C 语言标准，于 1983 年发布，通常称之为 ANSI C。

由于 C 语言的强大功能和各方面的优点逐渐为人们认识，很快在各类大、中、小和微型计算机上得到了广泛的使用，成为当代最优秀的程序设计语言之一。

数据类型、运算符与表达式

1. 数据类型

所谓数据类型，是按照被定义变量的性质、表示形式、占据存储空间的多少、构造特点来划分的。在 C 语言中，数据类型可分为基本数据类型、构造数据类型、指针类型、空类型四大类，如图 A-1 所示。

（1）基本数据类型

基本数据类型最主要的特点是，其值不可以再分解为其他类型。也就是说，基本数据类型是自我说明的。

（2）构造数据类型

构造数据类型是根据已定义的一个或多个数据类型用构造的方法来定义的。也就是说，一个构造类型的值可以分解成若干个“成员”或“元素”，每个“成员”都是一个基本数据类型或又是一个构造类型。

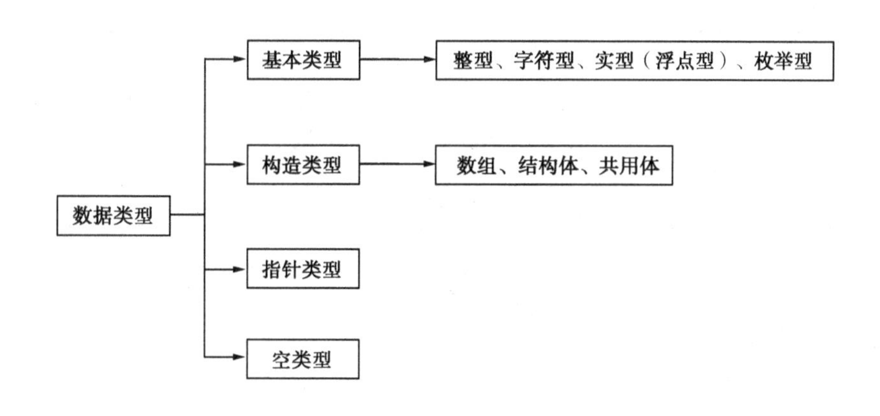

图 A-1　数据类型的分类

（3）指针类型

指针是一种特殊的又具有重要作用的数据类型，其值用来表示某个变量在内存储器中的地址。虽然指针变量的取值类似于整型量，但这是两个类型完全不同的量，不能混为一谈。

（4）空类型

在调用函数时，通常应向调用者返回一个函数值。这个返回的函数值是具有一定的数据类型的，应在函数定义及函数说明中给以说明。但是，也有一类函数，调用后并不需要向调用者返回函数值，这种函数可以定义为“空类型”。

2. 常量与变量

对于基本数据类型量，按其取值是否可改变分为常量和变量两种。

在程序执行过程中，其值不发生改变的量称为常量，其值可变的量称为变量。它们可与数据类型结合起来分类。例如，可分为整型常量、整型变量、浮点常量、浮点变量、字符常量、字符变量、枚举常量、枚举变量。在程序中，常量是可以不经说明而直接引用的，而变量必须先定义后使用。

3. 运算符与表达式

C 语言的运算符可细分为几类，见表 A-1。

表 A-1　C 语言运算符的分类

名　称	内　容
算术运算符	加（＋）、减（－）、乘（*）、除（/）、求余（%）、自增（＋＋）、自减（－－）
关系运算符	大于（＞）、小于（＜＝、等于（＝＝）、大于等于（＞＝）、小于等于（＜＝）、不等于（!＝）
逻辑运算符	与（&&）、或（||）、非（!）
位操作符	位与（&）、位或（|）、位非（~）、位异或（^）、左移（<<）、右移（>>）
赋值运算符	简单赋值（＝）、复合算术赋值（＋＝、－＝、*＝、/＝、%＝）、复合位运算赋值（&＝、|＝、^|、>>=、<<=）

续表

名　称	内　容
条件运算符	用于条件求值：？和：
逗号运行符	用于把若干个表达式组合成一个表达式
指针运算符	取内容（*）、取地址（&）
特殊运算符	括号（）、下标[ ]、成员（.　、→）

表达式是由运算符连接常量、变量、函数所组成的式子。 每个表达式都有一个值和类型。

4. 优先级与结合性

在 C 语言中，运算符的运算优先级共分为 15 级。1 级最高，15 级最低。在表达式中，优先级较高的先于优先级较低的进行运算。而在一个运算量两侧的运算符优先级相同时，则按运算符的结合性所规定的结合方向处理。

C 语言中各运算符的结合性分为两种，即左结合性（自左至右）和右结合性（自右至左）。例如算术运算符的结合性是自左至右，即先左后右。如有表达式 x−y+z，则 y 应先与“−”结合，执行 x−y 运算，再执行+z 的运算。这种自左至右的结合方向就称为“左结合性”。而自右至左的结合方向称为“右结合性”。最典型的右结合性运算符是赋值运算符。如 x=y=z，由于“=”的右结合性，应先执行 y=z 再执行 x=(y=z)运算。C 语言运算符中有不少为右结合性，应注意区别，以避免理解错误。

一般而言，单目运算符优先级较高，赋值运算符优先级低。算术运算符优先级较高，关系和逻辑运算符优先级较低。多数运算符具有左结合性，单目运算符、三目运算符、赋值运算符具有右结合性。

分支结构程序

在程序中经常需要比较两个量的大小关系，以决定程序下一步的工作。比较两个量的运算符称为关系运算符。

1. 关系运算符与关系表达式

关系运算符都是双目运算符，其结合性均为左结合。关系运算符的优先级低于算术运算符，高于赋值运算符。在 6 个关系运算符中，<、<=、>、>=的优先级相同，高于= =和!=，而= =和!=的优先级相同。

关系表达式的一般形式为：

　　表达式　关系运算符　表达式

关系表达式的值是“真”和“假”，用“1”和“0”表示。

2. 逻辑运算符与逻辑表达式

与运算符（&&）和或运算符（||）均为双目运算符，具有左结合性。非运算符（!）为单目运算符，具有右结合性。逻辑运算符和其他运算符优先级的关系可表示如下：

!
算术运算符
关系运算符
&&和||
赋值运算符

逻辑运算的值也为“真”和“假”两种，用“1”和“0”来表示。

逻辑表达式的一般形式为：

　　表达式　逻辑运算符　表达式

3．if语句

if语句有三种形式。

（1）if形式

```
if(表达式)
    语句;
```

（2）if...else形式

```
if(表达式)
    语句1;
else
    语句2;
```

（3）if...else...if形式

```
if(表达式1)
    语句1;
else if(表达式2)
    语句2;
else if(表达式3)
    语句3;
    ……
else if(表达式m)
    语句m;
else
    语句n;
```

4．条件运算符和条件表达式

三目运算符即有三个参与运算的量，由条件运算符组成条件表达式的一般形式为：

　　表达式1?表达式2:表达式3

5．switch语句

用于多分支选择的switch语句的一般形式为：

```
switch(表达式){
    case 常量表达式1:   语句1;
    case 常量表达式2:   语句2;
```

```
    …
    case 常量表达式 n:   语句 n;
    default :            语句 n+1;
}
```

循环控制

1. while 语句

while 语句的一般形式为：

```
while(表达式)  语句
```

while 语句的语义是，计算表达式的值，当值为真（非 0）时，执行循环体语句。执行过程如图 A-2 所示。

2. do…while 语句

```
do…while 语句的一般形式为：
do
    语句
While(表达式);
```

这个循环与 while 循环的不同在于，它先执行循环中的语句，再判断表达式是否为真，如果为真，则继续循环；如果为假，则终止循环。因此，do…while 循环至少要执行一次循环语句。其执行过程如图 A-3 所示。

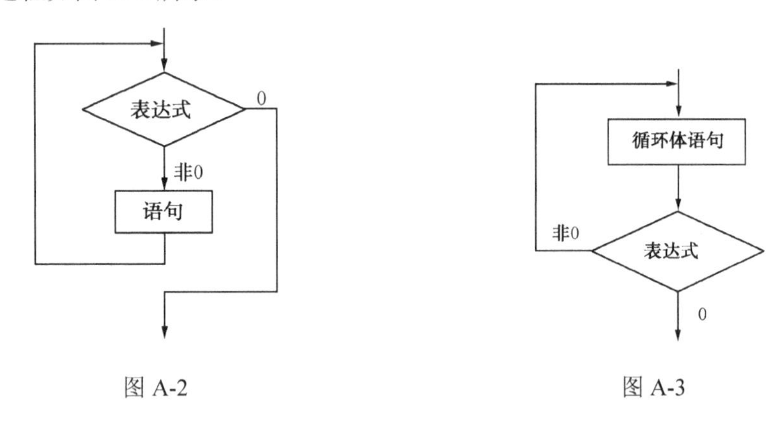

图 A-2　　图 A-3

3. for 语句

for 语句使用最为灵活，它的一般形式为：

```
for(表达式 1;表达式 2;表达式 3)
    语句
```

其执行过程如图 A-4 所示。

for 语句最简单的应用形式也是最容易的理解形式如下：

```
for(循环变量赋初值；循环条件；循环变量增量)
   语句
```

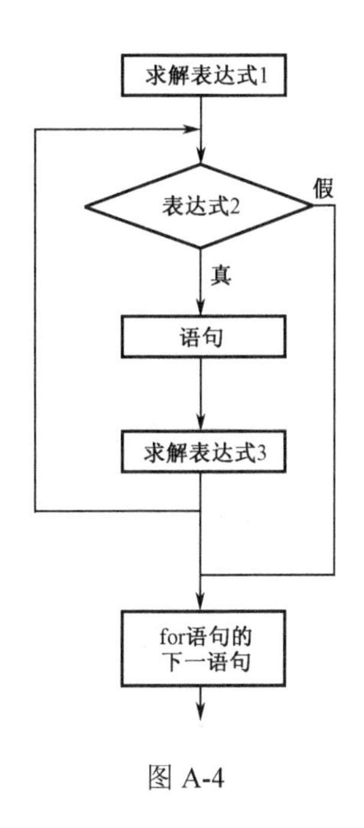

图 A-4

数组

在程序设计中，为了处理方便，把具有相同类型的若干变量按有序的形式组织起来。这些按序排列的同类数据元素的集合称为数组。

在C语言中，数组属于构造数据类型。一个数组可以分解为多个数组元素，这些数组元素可以是基本数据类型或是构造类型。因此按数组元素的类型不同，数组又可分为数值数组、字符数组、指针数组、结构数组等类别。

1．一维数组的定义和引用

在C语言中使用数组必须先进行定义。一维数组的定义方式为：

类型说明符 数组名 [常量表达式];

数组元素是组成数组的基本单元。数组元素也是一种变量，其标识方法为数组名后跟一个下标。下标表示了元素在数组中的顺序号。数组元素的一般形式为：

数组名[下标]

其中，下标只能为整型常量或整型表达式。如为小数时，系统将自动取整。

2．二维数组的定义和引用

前面介绍的数组只有一个下标，称为一维数组，其数组元素也称为单下标变量。在实际问题中有很多量是二维的或多维的，因此C语言允许构造多维数组。多维数组元素有多个下标，以标识它在数组中的位置，所以也称为多下标变量。

二维数组定义的一般形式是：

类型说明符　数组名[常量表达式1][常量表达式2];

其中，常量表达式 1 表示第一维下标的长度，常量表达式 2 表示第二维下标的长度。

例如：

```
int a[3][4];
```

说明了一个 3 行 4 列的数组，数组名为 a，其下标变量的类型为整型。该数组的下标变量共有 3×4 个，即：

```
a[0][0],a[0][1],a[0][2],a[0][3]
a[1][0],a[1][1],a[1][2],a[1][3]
a[2][0],a[2][1],a[2][2],a[2][3]
```

二维数组在概念上是二维的，也就是说，其下标在两个方向上变化，下标变量在数组中的位置也处于一个平面之中，而不是像一维数组只是一个向量。但是，实际的硬件存储器却是连续编址的，即存储器单元是按一维线性排列的。在一维存储器中存放二维数组可有两种方式：一种是按行排列，即放完一行之后顺次放入第二行；另一种是按列排列，即放完一列之后再顺次放入第二列。在 C 语言中，二维数组是按行排列的，即：先存放 a[0]行，再存放 a[1]行，最后存放 a[2]行。每行中有 4 个元素也是依次存放。由于数组 a 说明为 int 类型，该类型占 2 字节的内存空间，所以每个元素均占有 2 字节。

二维数组的元素也称为双下标变量，其表示的形式为：

数组名[下标][下标]

函数

函数是 C 源程序的基本模块，通过对函数模块的调用实现特定的功能。C 语言中的函数相当于其他高级语言的子程序。C 语言不仅提供了极为丰富的库函数，还允许用户建立自己定义的函数。用户可把自己的算法编成一个个相对独立的函数模块，然后用调用的方法来使用函数。可以说，C 程序的全部工作都是由各式各样的函数完成的，所以也把 C 语言称为函数式语言。

由于采用了函数模块式的结构，C 语言易于实现结构化程序设计。使程序的层次结构清晰，便于程序的编写、阅读和调试。

从函数定义的角度看，函数可分为库函数和用户定义函数两种。

函数又可分为有返回值函数和无返回值函数两种。

从主调函数和被调函数之间数据传送的角度看又可分为无参函数和有参函数两种。

还应该指出的是，在 C 语言中，所有的函数定义，包括主函数 main 在内，都是平行的。也就是说，在一个函数的函数体内，不能再定义另一个函数，即不能嵌套定义。但是函数之间允许相互调用，也允许嵌套调用。习惯上，把调用者称为主调函数。函数还可以自己调用自己，称为递归调用。

main 函数是主函数，可以调用其他函数，而不允许被其他函数调用。因此，C 程序的执行总是从 main 函数开始，完成对其他函数的调用后再返回到 main 函数，最后由 main 函数结束整个程序。一个 C 源程序必须有也只能有一个主函数 main。

预处理命令

在本书各讲中已多次使用过以“#”开头的预处理命令，如包含命令#include 和宏定义命令#define 等。在源程序中，这些命令都放在函数之外，而且一般都放在源文件的前面，它们称为预处理部分。

所谓预处理，是指在进行编译的第一遍扫描（词法扫描和语法分析）之前所做的工作。预处理是 C 语言的一个重要功能，由预处理程序负责完成。当对一个源文件进行编译时，系统将自动引用预处理程序对源程序中的预处理部分作处理，处理完毕自动进入对源程序的编译。

常用的预处理命令有以下两种。

1. 宏定义

在 C 语言源程序中允许用一个标志符来表示一个字符串，称为“宏”。被定义为“宏”的标志符称为“宏名”。在编译预处理时，对程序中所有出现的“宏名”，都用宏定义中的字符串去代换，这称为“宏代换”或“宏展开”。

宏定义是由源程序中的宏定义命令完成的，宏代换是由预处理程序自动完成的。

在 C 语言中，“宏”分为有参数和无参数两种。

无参宏定义：

```
#define  标志符  字符串
```

“#”表示这是一条预处理命令。凡是以“#”开头的均为预处理命令。“define”为宏定义命令。“标志符”为所定义的宏名。“字符串”可以是常数、表达式等。

有参宏定义：

```
#define  宏名(形参表)  字符串
```

字符串中含有各形参。带参宏调用的一般形式为：

```
宏名(实参表);
```

例如：

```
#define  M(y)  y*y+3*y          /*宏定义*/
…
k=M(5);                         /*宏调用*/
…
```

在宏调用时，用实参 5 去代替形参 y，经预处理宏展开后的语句为：

```
k=5*5+3*5;
```

2. 文件包含

文件包含是 C 预处理程序的另一个重要功能。文件包含命令行的一般形式为：

```
#include "文件名"
```

本书中已多次用此命令包含过库函数的头文件，例如：

```
#include"uart.h"
#include"LCD.h"
```

文件包含命令的功能是把指定的文件插入该命令行位置取代该命令行，从而把指定的文件和当前的源程序文件连成一个源文件。

在程序设计中，文件包含是很有用的。一个大的程序可以分为多个模块，由多个程序员分别编程。有些公用的符号常量或宏定义等可单独组成一个文件，在其他文件的开头用包含命令包含该文件即可使用。这样可避免在每个文件开头都去书写那些公用量，从而节省时间，并减少出错。

包含命令中的文件名可以用双引号括起来，也可以用尖括号（<>）括起来。

使用尖括号表示在包含文件目录中去查找（包含目录是由用户在设置环境时设置的），而不在源文件目录去查找；使用双引号则表示首先在当前的源文件目录中查找，若未找到才到包含目录中去查找。用户编程时可根据自己文件所在的目录来选择某一种命令形式。

一个 include 命令只能指定一个被包含文件，若有多个文件要包含，则需用多个 include 命令。文件包含允许嵌套，即在一个被包含的文件中又可以包含另一个文件。

指针

在计算机中，所有数据都是存放在存储器中的。一般把存储器中的 1 字节称为一个内存单元，不同的数据类型所占用的内存单元数不等，如整型量占 2 个单元，字符量占 1 个单元等。

为了正确地访问这些内存单元，必须为每个内存单元编号。根据一个内存单元的编号即可准确地找到该内存单元。内存单元的编号也叫做地址。既然根据内存单元的编号或地址就可以找到所需的内存单元，所以通常也把这个地址称为指针。内存单元的指针和内存单元的内容是两个不同的概念。对于一个内存单元来说，单元的地址即为指针，其中存放的数据才是该单元的内容。

在 C 语言中，允许用一个变量来存放指针，这种变量称为指针变量。因此，一个指针变量的值就是某个内存单元的地址或称为某内存单元的指针。

指针变量定义的一般形式为：

```
类型说明符  *变量名;
```

指针变量同普通变量一样，使用之前不仅要定义说明，而且必须赋予具体的值。未经赋值的指针变量不能使用，否则将造成系统混乱，甚至死机。指针变量的赋值只能赋予地址，决不能赋予任何其他数据，否则将引起错误。在 C 语言中，变量的地址是由编译系统分配的，对用户完全透明，用户不知道变量的具体地址。

C 语言中提供了地址运算符&来表示变量的地址：

```
&变量名;
```

假设

```
int i=200, x;
int *ip;
```

定义了两个整型变量 i 和 x，还定义了一个指向整型数的指针变量 ip。i 和 x 中可存放整数，而 ip 中只能存放整型变量的地址。我们可以把 i 的地址赋给 ip：

```
ip=&i;
```

此时指针变量 ip 指向整型变量 i，假设变量 i 的地址为 1800。这个赋值可形象地理解为如图 A-5 所示的联系。

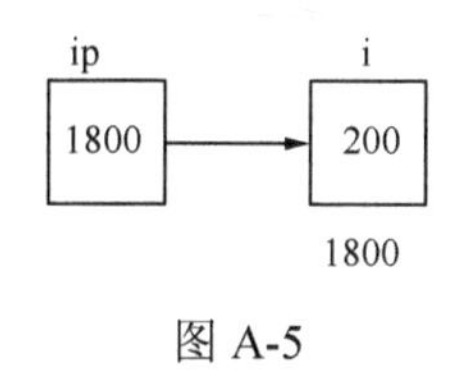

图 A-5

以后便可以通过指针变量 ip 间接访问变量 i，例如：

```
x=*ip;
```

运算符*访问以 ip 为地址的存储区域，而 ip 中存放的是变量 i 的地址，因此*ip 访问的是地址为 1800 的存储区域（因为是整数，实际上是从 1800 开始的 2 字节），它就是 i 所占用的存储区域，所以上面的赋值表达式等价于：

```
x=i;
```

结构体

"结构"是一种构造类型，是由若干"成员"组成的。每个成员可以是一个基本数据类型或者又是一个构造类型。结构既是一种"构造"而成的数据类型，那么在说明和使用之前必须先定义它，也就是构造它。如同在说明和调用函数之前要先定义函数一样。

定义一个结构的一般形式为：

```
struct 结构名
{成员列表};
```

成员列表由若干个成员组成，每个成员都是该结构的一个组成部分。对每个成员也必须作类型说明，其形式为：

```
类型说明符成员名;
```

说明结构变量有以下 3 种方法。

① 先定义结构，再说明结构变量：

```
struct 结构名
{
    成员列表
}
结构名 变量名;
```

② 在定义结构类型的同时说明结构变量：

```
struct 结构名
{
    成员列表
}变量名列表;
```

③ 直接说明结构变量：

```
struct
{
    成员列表
```

}变量名列表;

表示结构变量成员的一般形式是：

结构变量名.成员名

位运算

（1）按位与（&）运算

&是双目运算符，其功能是参与运算的两数各对应的二进位相与。只有对应的两个二进位均为1时，结果位才为1，否则为0。例如：

	0	1	0	1	0	1	1	0
&	0	0	0	1	1	1	0	1
	0	0	0	1	0	1	0	0

（2）按位或（|）运算

| 是双目运算符，其功能是参与运算的两数各对应的二进位相或。只要对应的两个二进位有一个为1时，结果位就为1。例如：

	0	1	0	1	0	1	1	0
|	0	0	0	1	1	1	0	1
	0	1	0	1	1	1	1	1

（3）按位异或（^）运算

^是双目运算符，其功能是参与运算的两数各对应的二进位相异或。当两对应的二进位相异时，结果为1。例如：

	0	1	0	1	0	1	1	0
^	0	0	0	1	1	1	0	1
	0	1	0	0	1	0	1	1

（4）求反（～）运算

~为单目运算符，具有右结合性，其功能是对参与运算的数的各二进位按位求反。例如：

	0	1	0	1	0	1	1	0
~	1	0	1	0	1	0	0	1

（5）左移（<<）运算

<<是双目运算符。其功能把“<<”左边的运算数的各二进位全部左移若干位，由“<<”右边的数指定移动的位数，高位丢弃，低位补0。如x<<3：

	0	1	0	1	0	1	1	0
<<3	1	0	1	1	0	0	0	0

（6）右移（>>）运算

>>是双目运算符，其功能是把“>>”左边的运算数的各二进位全部右移若干位，“>>”右边的数指定移动的位数。

对于有符号数，在右移时，符号位将随同移动。当为正数时，最高位补 0；为负数时，符号位为 1，最高位是补 0 或补 1 取决于编译系统的规定，Turbo C 和很多系统规定为补 1。例如：

	0	1	0	1	0	1	1	0
>>3	0	0	0	0	1	0	1	0

附录 B　C 语言中的关键字索引

关键字	含　义	本书首次出现的位置
auto	说明局部变量为自动存储类别，可以省略，基本不用	本书没有介绍
break	中断当前循环或者 switch 语句，执行后面的语句	P122
case	多分支结构程序一个分支	P122
char	说明字符数据类型，或者 8 位整型数据	P26
const	常量数据说明修饰符	本书没有用到
continue	中断当次循环的执行，执行下一次循环	P87
default	多分支结构中的确省情况处理分支	P124
do	do…while 循环的关键字	P102
double	双精度浮点数据修饰符	P24
else	条件判断的关键字	P73
enum	枚举数据类型修饰符	本书没有用到
extern	外部变量说明修饰符	本书没有用到
float	浮点数据类型说明修饰符	P23
for	循环结构关键字	P41
goto	调转语句关键字，现在 C 语言程序编写基本不用	本书没有用到
if	条件判断的关键字	P73
int	整型变量修饰符	P9
long	长整型变量修饰符	P22
register	寄存器变量说明修饰符	本书没有用到
return	函数返回关键字	P72
short	短整型变量修饰符	P23
signed	有符号整数修饰符	P32
sizeof	计算数据长度运算符关键字	本书没有用到
static	静态存储变量修饰符	本书没有用到
struct	结构体数据类型定义关键字	P152
switch	多分支结构关键字	P121
typedef	新类型定义关键字	本书没有用到
union	共用体数据类型修饰符	本书没有用到
unsigned	无符号数修饰符	P32
void	空类型修饰符	P9
volatile	类型修饰符，用来修饰被不同线程访问和修改的变量	本书没有用到
while	循环结构关键字	P10

附录 C　无焊锡面包板

教学板前端，那块白色的、有许多孔或插座的区域，称为无焊料的面包板。面包板连同它两边黑色插座，称为原型区域，如图 C-1 所示。

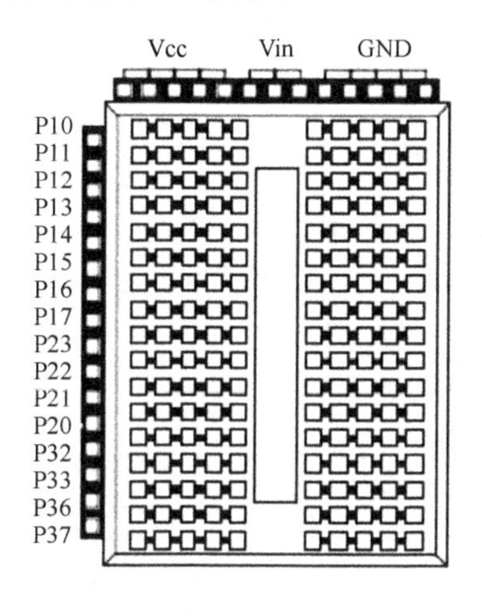

图 C-1　原型区域

在面包板插座上插上元器件，比如电阻、LED、扬声器和传感器，就构成了本书中的例程电路。元器件靠面包板插座彼此连接。在面包板上端有一条黑色的插座，上面标识着“Vcc”、“Vin”和“GND”，称为电源端口，通过这些端口，可以给电路供电。左边一条黑色的插座从上到下标识着 P10，P11，P12，…，P37（共 18 个，部分端口并未标出）。通过这些插座，可以将搭建的电路与单片机连接起来。

面包板上共有 18 行插座，通过中间槽分为两列。每一小行由 5 个插座组成，这 5 个插座在面包板上是电气相连的。根据电路原理图的指示，可以将元器件通过这些 5 口插座行连接起来。如果将两根导线分别插入 5 口插座行中的任意 2 个插座中，它们都是电气相连的。

电路原理图就是指引你如何连接元器件的路标。它使用唯一的符号来表示不同的元器件。这些器件符号用导线相连，表示它们是电气相连的。在电路原理图中，当两个器件符号用导线相连时，电气连接就生成了。导线还可以连接元器件和电压端口。“Vcc”、“Vin”和“GND”都有自己的符号意义。“GND”对应于教学板的接地端，“Vin”指电池的正极，“Vcc”指校准的＋5V 电压。

图 C-2 是元器件的连接示意图。元器件符号图的上方就是该元器件的零件示意图。

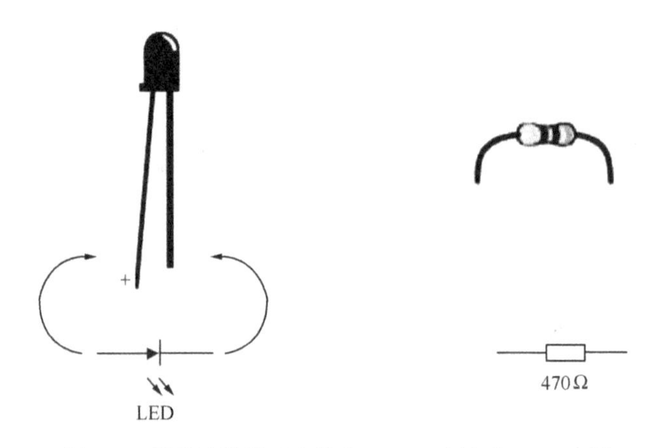

图 C-2 零件及符号（左边为 LED，右边为 470Ω电阻）

在图 C-3 中，左边显示的是某电路原理图，右边为该原理图对应的配线图。在电路原理图中请注意电阻符号（锯齿状线）的一端是如何与符号 Vcc 相连的。在配线图中，电阻的一端插入了标有 Vcc 的插座中。在电路原理图中，电阻符号的另一端用导线与 LED 符号的正极相连。

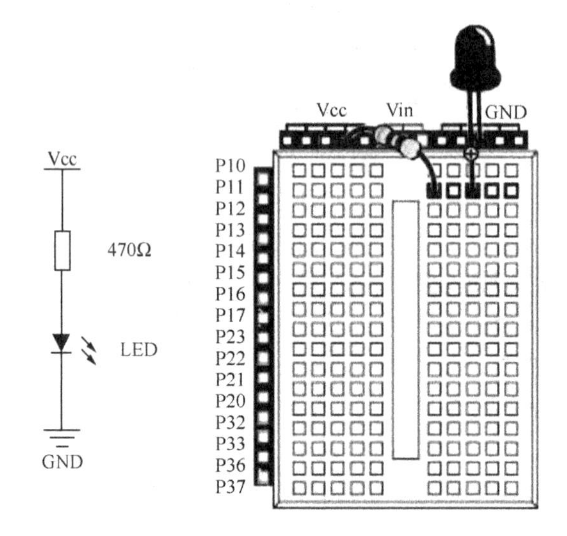

图 C-3 示意电路原理图及配线图

记住

导线表示两个零件是电气相连的。相应地，在配线图中，电阻的另一端与 LED 的正极插入了同一个 5 口插座行。这样做使得这两端电气相连。在电路原理图中，LED 符号的另一端与 GND 符号相连。对应地，在配线图中，LED 的另一端插入了标有 GND 的插座中。

图 C-4 显示的是另一个电路原理图及配线图。在电路原理图中，端口 P11 连接电阻的一端，电阻的另一端与 LED 的正极相连，而 LED 的负极与 GND 相连。与前一个电路原理图相比，该原理图仅有一个连接上的区别：电阻连接 Vcc 的一端现在换成了与单片机端口 P11 相

连。看上去可能还有一个细微差别：电阻是水平画出来的，而前一幅图是垂直的。但从连接上看，只有一个区别：P11 取代了 Vcc。

配线图中也做了相应处理：电阻之前是插入 Vcc 插座中，而现在是插入了 P11 插座中。

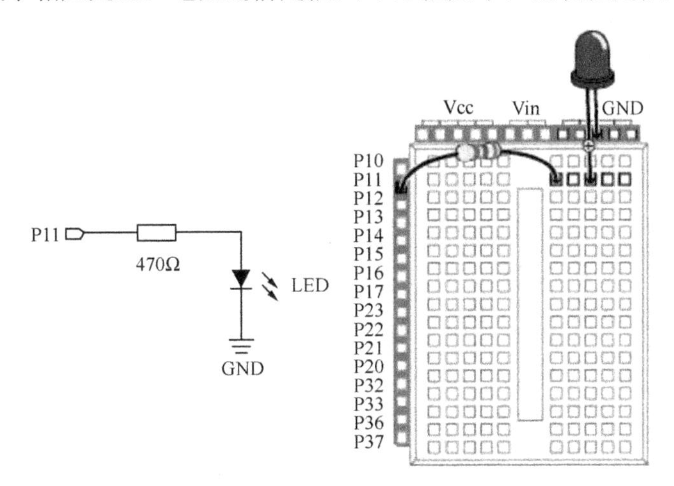

图 C-4　示意电路原理图及配线

附录D　中国教育机器人大赛简介

机器人竞赛进入校园十多年，已成为培养创新人才、促进教育改革的有力手段。机器人竞赛项目以其趣味性、挑战性、综合性和对抗性，深受各个年龄阶段的学生欢迎。

教育机器人是用于科学素质教育、工程素质教育和工程技能教育的机器人。采用机器人作为教育平台，直观、有趣、综合性强，一经提出立即受到全球教育界的重视，并迅速发展。为了满足教育的需要，教育机器人的机械、控制、传感器和软件等四大组成部分均必须满足开放和扩展的要求，并能够与各层次的教学课程紧密结合，达到理论与实践紧密结合的教学和训练要求。

中国教育机器人大赛就是在教育机器人进入课堂的基础上，为广大学生和老师提供的一个展示教学成果、促进教育创新的舞台。中国教育机器人大赛的基本宗旨是**借助于最基础的教育机器人平台，强调动手能力，普及机器人创新教育**。

首届中国教育机器人大赛由中国自动化学会机器人竞赛工作委员会举办，深圳大学和深圳市机器人协会联合承办，于2011年11月12至14日在深圳大学成功举行，吸引了来自全国各地的30多所高校和中学参加，参赛人数接近500人，设立的比赛项目包括：教育机器人智能搬运竞赛、教育机器人擂台、教育机器人游深圳、教育机器人创意设计和制作、微小型群机器人协作和舞蹈、中型组足球机器人竞赛等。比赛中既有根据标准问题现场抽签确定的项目，要求学生在规定时间内动手搭建机器人传感电路、调试程序、完成该项目的竞赛，又有足球机器人这类国际标准问题的竞技对抗项目，既有很高的技术挑战性，又有很高的娱乐观赏性，是教育、科研和娱乐的完美结合。

2012年起的中国教育机器人大赛由**中国自动化学会机器人竞赛工作委员会和中国人工智能学会智能机器人专业委员会**联合举办，继续由深圳大学承办，于11月24至25日在深圳大学元平体育馆举行。包括清华大学、南京大学、上海交通大学和东南大学等在内的全国的一百多所高校和几十所中学参加了此次比赛，涌现了许多非常优秀的作品，尤其是南京大学的群体创意机器人获得了全场观众的热烈欢迎。

2013年的中国教育机器人大赛首次走出深圳，由南京工程学院举办，南京大学、东南大学和深圳市中科鸥鹏智能科技有限公司承办，而且将首次在部分省份设立分赛区。

中国教育机器人大赛的目的是要将该大赛打造成一个国际性并具有国际水准的开放式机器人创新赛事，让教育机器人成为大中学生展示才华、大学和中学老师展示教育创新成果的舞台。

2013年的大赛技术委员会常务委员

孙增圻　教授，清华大学

黄心汉　教授，华中科技大学

吕恬生　教授，上海交通大学

张文锦　教授，东南大学
周献中　教授，南京大学
张彦铎　教授，武汉工程大学
徐　刚　教授，深圳大学
何汉武　教授，广东工业大学
郁汉琪　教授，南京工程学院
秦志强　博士，深圳市中科鸥鹏智能科技有限公司

2013年大赛比赛项目设置：

① 教育机器人智能搬运（竞技类项目）。
② 教育机器人搬运码垛（竞技类项目）。
③ 教育机器人游中国（竞技类项目）。
④ 教育机器人擂台对抗（竞技类项目）。
⑤ 教育机器人灭火（竞技类项目）。
⑥ 室内小型服务机器人（竞技类项目）。
⑦ 中型组足球机器人（竞技类项目）。
⑧ 教育机器人创意设计和制作（评比类项目）。
⑨ 群教育机器人协作或者舞蹈（评比类项目）。

每年的具体竞赛内容、规则和新闻将在组委会指定的官方网站www.ercc.net.cn上公布。

附录 E　完成本书项目学习所需配件清单

序号	套件组成	型号和关键参数	数量
1	C51 两轮教育机器人套件	DM-E255-C，铝合金加工件和连接螺钉、铜柱。底盘采用特殊表面处理工艺，电机采用美国原装进口伺服电机	1
2	扩展传感器	基本传感器包（内含触须、红外、光敏传感器和 LED 1 对，压电扬声器 1 个）	1
		QTI 循线套件（内含 QTI 传感器 4 套）	1
3	灭火机器人套件	超声波传感器 3 套，学习扩展板 3 个，远红外传感器 1 套，传感器开关 1 个，直流电机灭火套件 1 套等	1
4	擂台机器人套件	红外擂台机器人 1 个，超声波擂台机器人 1 个，红外遥控擂台机器人 1 个	1
5	附件	搬运手爪套件	1
		搬运场地 1 个，色块 5 个	1
		擂台机器人竞赛场地	1
		机器人游深圳场地 1 个	1

注意：深圳市中科鸥鹏智能科技有限公司是以上所有配件的唯一授权生产供应商，其中智能搬运场地工程图纸获得了国家版权局的著作权登记证书，任何未经中科鸥鹏授权生产和销售都是侵权行为。

中华人民共和国国家版权局

著作权登记证书

申请者深圳市中科鸥鹏智能科技有限公司（中国）提交的文件符合规定要求，对其于 2010 年 10 月 01 日创作完成，并于 2011 年 06 月 01 日在深圳首次发表的美术作品《智能搬运机器人场地工程图纸》，申请者以法人作品著作权人身份依法享有著作权。

经中国版权保护中心审核，对该作品的著作权予以登记。

登记号为：国作登字-2012-F-00074809

登记日期为：2012 年 11 月 07 日

需要的读者请登录 www.szopen.cn 查询，或者直接联系：

电子邮箱：open@szopen.cn

电话：0755-86171153